加氢催化生物柴油喷雾燃烧技术及评价系统

钟汶君　何志霞　王　谦　玄铁民　著

U0198056

江苏大学出版社
JIANGSU UNIVERSITY PRESS

镇江

图书在版编目(CIP)数据

加氢催化生物柴油喷雾燃烧技术及评价系统 / 钟汶君等著. — 镇江：江苏大学出版社，2024.1
ISBN 978-7-5684-2128-7

Ⅰ. ①加⋯ Ⅱ. ①钟⋯ Ⅲ. ①生物燃料－柴油－喷雾燃烧－研究 Ⅳ. ①TK63

中国国家版本馆 CIP 数据核字(2024)第 041379 号

加氢催化生物柴油喷雾燃烧技术及评价系统
Jiaqing Cuihua Shengwu Chaiyou Penwu Ranshao Jishu Ji Pingjia Xitong

著　　者/钟汶君　何志霞　王　谦　玄铁民
责任编辑/郑晨晖
出版发行/江苏大学出版社
地　　址/江苏省镇江市京口区学府路 301 号(邮编：212013)
电　　话/0511-84446464(传真)
网　　址/http://press. ujs. edu. cn
排　　版/镇江市江东印刷有限责任公司
印　　刷/苏州市古得堡数码印刷有限公司
开　　本/710 mm×1 000 mm　1/16
印　　张/12.5
字　　数/235 千字
版　　次/2024 年 1 月第 1 版
印　　次/2024 年 1 月第 1 次印刷
书　　号/ISBN 978-7-5684-2128-7
定　　价/58.00 元

如有印装质量问题请与本社营销部联系(电话：0511-84440882)

前　言

　　生物柴油是可再生的高活性清洁燃料,其因具有环保、绿色、可再生、原料来源广的优点而得到广泛应用,是化石燃料的优良替代燃料。大力发展生物柴油不仅对经济可持续发展及节能减排具有重要的战略意义,还能为国家实现"双碳"目标提供有效的解决方案。

　　本书是在国家重点研发计划"高品质生物柴油燃烧性能评价指标体系构建"(编号:2019YFB1504004-02)和国家自然科学基金"中链醇/超高活性生物柴油直喷压燃低负荷着火燃烧调控机理研究"(编号:52076103)、"基于RCCI燃烧的加氢催化生物柴油/汽油同轴喷射活性分层控制机理"(编号:51876083)、"加氢催化生物柴油燃烧过程碳烟生成机理的研究"(编号:51706088)4个国家级项目,以及南京市领军型科技创业人才引进计划项目"废油脂制备的二代生物柴油车用关键技术与产业化"的支持下完成的,在此对相关部门的支持一并表示感谢。

　　本书主要对加氢催化生物柴油喷雾燃烧技术及评价系统进行了系统研究。与传统通过酯交换工业获得的生物柴油不同,本书所述的加氢催化生物柴油主要采用加氢脱氧脱硫工艺获得,具有十六烷值较高、无氧、无硫、冷凝点高的优点,是未来生物柴油的重要发展方向之一,值得深入研究。

　　本书针对加氢催化生物柴油搭建了定容燃烧弹准稳态喷雾燃烧光学测试平台、光学发动机可视化测试平台,开发了多种同步光学测试技术和方法,探究了加氢催化生物柴油掺混柴油、汽油和甲醇燃料喷雾、燃烧、缸内燃烧特性和污染物排放特性,构建了生物柴油理化特性、喷雾和燃烧特性关联数据库,开发了高品质生物柴油燃烧性能评价系统,为加氢催化生物柴油的应用提供了翔实的数据支撑,也为不同燃料发动机的应用提供了评估手段。

　　本书共6章。第1章为绪论部分,对生物柴油的研究背景、现状及研究意义做了简要概述。第2章主要对性能测试平台和测量方法进行了详细介绍,为后续数据分析提供理论基础。第3章主要对加氢催化生物柴油与不同柴油喷雾燃烧的经济性和排放特性进行了对比分析。第 4 章探索了加氢催化生物柴油掺混汽油后应用于直喷压燃模式下的喷雾燃烧及发动机动力性能和排放特性。第 5 章围绕加氢催化生物柴油与低碳醇燃料掺混后的喷雾燃烧及碳烟生成特性进行了研究。第 6 章主要基于前期的研究结果,详细介绍了构建的燃料燃烧性能评价系统,为替代燃料发动机应用提供了评估平台。

　　限于作者水平,书中难免存在疏漏和不足之处,敬请读者批评指正。

著者

2023 年 10 月

目　录

第1章 绪 论

1.1 研究背景及现状

能源是人类赖以生存和发展的基础,是社会进步的重要动力。根据国家统计局发布的《中华人民共和国 2022 年国民经济和社会发展统计公报》,我国 2022 年能源消费总量达 54.1 亿吨标准煤,比上年增长 2.9%。随着传统化石燃料的消耗,其带来的环境问题也日益显现。根据生态环境部发布的《中国移动源环境管理年报(2023 年)》,2022 年全国机动车四项污染物排放总量为 1 466.2 万吨,其中氮氧化物(NO_x)、一氧化碳(CO)、碳氢化合物(HC)与颗粒物(PM)排放量分别为 526.7 万吨、743.0 万吨、191.2 万吨、5.3 万吨。汽车排放的 NO_x、CO、HC 与 PM 占比超过 90%,是污染物排放的主要来源,其中柴油车 NO_x 排放量超过汽车排放总量的 80%,PM 排放量超过汽车排放总量的 90%。因此,基于燃料设计理念开发可再生清洁替代燃料,并结合燃油喷射策略合理优化缸内燃烧是减少污染物排放的有效途径。

生物柴油(biodiesel)以其可再生性、环保性、安全性以及在发动机上无须改动即可应用等特点受到广泛的关注。为规范生物柴油市场,提高生物柴油品质,在 2007 年我国制定了标准《柴油机燃料调合用生物柴油(BD100)》(GB/T 20828—2007)。2011 年我国正式实施标准《生物柴油调合燃料(B5)》(GB/T 25199—2010),要求生物柴油以 5% 的比例添加到石化柴油中。基于此标准,我国每年大约还需 900 万吨生物柴油才能满足市场需求,而目前我国生物柴油的年产量只有 100 多万吨,因此生物柴油具有巨大的市场潜力和应用前景。

1.1.1 生物柴油的研究背景和应用现状

生物柴油是以大豆、油菜籽、动植物油脂、废餐饮油及工程微藻等为原料制成的清洁可再生能源,是典型的绿色能源。根据制备方法和采用原料的不同,生物柴油可分为三类:第一类是以菜籽、大豆、野生植物小桐籽等油料作物、油料植物为主要原料,通过酯交换技术制备的混合脂肪酸甲酯(fatty acid methyl ester,FAME),也称脂肪酸甲酯生物柴油;第二类是以动植物油脂、餐饮地沟油为原料,通过加氢催化工艺制备的非脂肪酸甲酯生物柴油,也称二代生物柴油;第三类则进一步拓宽了原料范围,以秸秆、木屑、固体废弃物及微生物油脂等作为原料,通过生物质气化、微生物发酵等技术制备的生物柴油,也称三代生物柴油。

(1)脂肪酸甲酯生物柴油的研究及应用现状

面对能源与环境问题,20世纪80年代,美国科学家首次提出了生物柴油的概念,随后各国科学家相继对其开展研究,于是出现了以油料作物为主要原料、以脂肪酸甲酯为代表组分的脂肪酸甲酯生物柴油。

之后,ASTM(美国材料试验协会)于1994年成立了专门机构研究生物柴油燃料的相关标准,于1999年颁布了首部生物柴油燃料标准(PS 121—1999),并分别在2002年和2003年进行了修订。为了促进生物柴油产业的发展,美国国会通过了生物柴油税收鼓励法案和能源减税计划。至2008年9月底,美国共有176家生物柴油商业化工厂投产,产能合计达860万吨/年。已投产的生物柴油工厂中,有33家单纯以大豆为原料,产能合计达221万吨/年;其余143家以回收废油、棕榈油、棉籽油、菜籽油和动物油等为原料,其中大多数工厂可交替使用多种原料(包括大豆),产能合计达639万吨/年。目前,该类生物柴油主要以低比例与柴油掺混的方式进入车用市场,掺混比例为10%~20%。在美国,柴油消耗主体为农用机械和重型商用车,全美国已有超过百家的公路客运企业成为生物柴油燃料的主要消耗者。

由于柴油机乘用车保有量巨大且欧盟各国石油资源相对紧张,因此欧洲成为全球规模最大的生物柴油生产及消费基地,消耗总量达到全世界生物柴油消耗量的75%以上。与当今美国生物柴油以大豆为主要原料的情况不同,欧盟国家主要从菜籽中提炼生物柴油,沿用以1997年德国生物燃料标准为蓝本修订而成的EN14214标准。欧洲生物柴油局的统计数据显示,早在2003年,欧洲各国生物柴油产量就已达到210万吨/年,列居前三位的国家分别为德国、法国和意大利,其产量占欧盟生物柴油总量的比例分别为48%、24%和20%,三者的生物柴油总量达到整个欧盟生物柴油产量的92%以上。2006年欧盟生物柴油产量翻了一番,达到490万吨,比2005年的320万吨提高了约53%。2007年、2008年和2009年欧盟生物柴油产量继续攀升,分别达到607

万吨、770 万吨和 850 万吨。2019 年欧盟生物柴油消费量约为 1 800 万吨。欧盟为进一步提高碳减排强度并减少因发展农作物生物燃料而产生的争议,按照 2021 年 7 月 14 日发布的《可再生能源指令(2021 版)》,要求到 2030 年交通领域可再生能源占比达到 13%,而对于像利用"地沟油"生产的生物柴油这类更加可持续的生物燃料,仍然执行《可再生能源指令(2018 版)》制定的"双积分"政策,即利用"地沟油"生产的同等 1 L 生物柴油,按 2 L 传统生物柴油(例如以菜籽油为原料的生物柴油)核销油品销售企业的消纳义务,这极大地提高了油品销售企业销售这类生物燃料的积极性。

自 2002 年中国首套产能为 1 万吨/年的生物柴油示范装置投产以来,中国生物柴油产业的发展受到国际油价和国内外市场供需情况变化的影响而发生改变。2004—2020 年,中国生物柴油产业的发展大致经历了迅速发展、普遍经营困难和以出口为主三个主要阶段。2004—2014 年,在国际油价逐步上涨、国内柴油消费量快速增加的大环境下,中国生物柴油产业快速发展,鼎盛时期全国共有生物柴油生产企业 120 余家,产能接近 400 万吨/年。2014—2017 年,受国际油价断崖式下跌、国内柴油消费量逐步回落、国内没有稳定销售渠道等因素影响,中国生物柴油生产企业经营普遍比较困难,很多企业或是倒闭或是转产。2017 年后,随着欧盟对以餐饮废弃油脂为原料的生物柴油(第二类可再生燃料)需求的增加,中国成为世界上最主要的以餐饮废弃油脂为原料的生物柴油出口国。2017—2020 年,中国生物柴油出口量从 17 万吨增加至 90 万吨,出口价格从约 6 000 元/吨提高至 7 400 元/吨。截至 2019年,中国生产生物柴油的企业有 28 家,理论总产能约为 230 万吨/年,实际总产能约为 180 万吨/年,其中出口量为 73 万吨/年。目前,我国境内建成的年产量超过 10 万吨的生物柴油加工厂达到 16 家,其他小规模的生物柴油生产厂约有 50 家。

脂肪酸甲酯生物柴油的大规模生产和广泛应用离不开对其在发动机上的应用研究。Banapurmath 和 Tewari 等进行了试验研究,在直喷柴油机中燃烧大豆质生物柴油,试验结果表明:相对于传统柴油,采用生物柴油时,改变喷嘴直径对发动机动力性和发热率的影响较大;在较大范围工况内,HC 和CO 排放降低,NO_x 排放没有明显变化。Schumacher 和 Borgelt 等将不同掺混比例的生物柴油燃料应用于重负荷柴油机,生物柴油掺混比例分别为 10%、20%、30% 和 40%。试验结果显示,随着生物柴油掺混比例的增加,HC、CO 和碳烟排放降低,NO_x 排放上升;在不改变 HC、CO 和碳烟排放的情况下,推迟喷油时刻可以降低 NO_x 排放。综合考虑发动机的排放和动力性、经济性,生物柴油的最佳掺混比例为 20%。

由于大多数试验结果表明生物柴油的 NO_x 排放高于传统柴油,因此很多科研人员开始致力于降低生物柴油的 NO_x 排放的研究。McCormick 等在一台重型柴油机上研究了不同生物柴油原料和不同化学结构生物柴油对排放特性的影响,其选择了 7 种植物原料的生物柴油和 14 种脂肪酸类生物柴油作为试验燃料。试验结果表明,生物柴油分子结构显著影响 NO_x 排放,但对于所有种类的生物柴油,碳烟排放的测试结果几乎没有变化。随着燃料密度和生物柴油分子双键数量的增大,NO_x 排放逐渐升高,这表明此情况不是由碳烟和 NO_x 平衡或 NO 热反应引起的。这类生物柴油含氧,燃烧过程中氧化反应对排放的影响明显。Monyem 和 Van Gerpen 的研究结果表明,在全负荷工况下,生物柴油燃料的 CO 排放降低了 28%,NO_x 排放升高和碳烟排放并非与生物柴油易氧化有关。喷油时刻和尾气中氧化反应的进一步研究表明:推迟喷油时刻有助于降低 CO、HC 和 NO_x 排放,提前喷油有助于降低碳烟排放。基于机理方面的研究结论,一些研究者也提出了有效降低 NO_x 排放的措施和技术手段。Yoshimoto 和 Onodera 等通过添加 15%~30% 的水与生物柴油掺混形成乳化油,并展开试验研究,试验结果表明:在不提高燃油消耗率的情况下,NO_x 和碳烟排放明显降低;当乳化油中水含量达到 30% 时,NO_x 排放相对纯生物柴油燃料降低 60% 以上。Wang 和 Lyons 等在不对发动机进行改装的条件下,在重型商用车上应用生物柴油燃料进行了试验研究。试验结果表明,通过提高 EGR 率(废气再循环率)的方法,在不增加碳烟、HC 和 CO 排放的情况下,NO_x 排放明显降低。

对于生物柴油在发动机上的应用,NO_x 排放降低甚为关键,而进一步降低原料成本同样重要。研究人员对黄油和食用废油制成的生物柴油燃料进行试验,研究结果表明:这种以甲基酯为主要成分的生物柴油与传统柴油具有相同的热效率,但由于缸内温度较高,所以 NO_x 排放升高。研究人员对大豆质生物柴油和 Fischer-Tropsch 代用燃料在一台单缸机上进行对比试验,试验结果表明:生物柴油的 NO_x 排放升高是由生物柴油弹性模量导致喷油时刻提前所致。

将生物柴油直接应用于柴油机,针对 NO_x 排放的增加及原料成本等问题,除进行发动机台架试验外,开展喷雾燃烧可视化测试的基础研究,以揭示其微观的喷雾燃烧反应机理将更为重要。Yoon 和 Park 等在一台共轨柴油机上对生物柴油与柴油混合燃料的喷雾和燃烧过程进行了研究分析,研究结果表明:由于生物柴油黏度和表面张力较大,随着生物柴油掺混比例的增加,喷油率减小,液滴平均直径增大,雾化程度相对较弱,而喷油贯穿距和喷油时刻相对于传统柴油没有变化。因此,建议在不改变发动机硬件系统的条件下直接使用生物柴油燃料。Pastor 等研究了不同比例混合燃油液相贯穿距分布,试验发现液相贯穿距与混合燃油中生物柴油的所占比例成正比。Kook 等在一个高温高压实验台上采用可视化诊断技术对比分析了柴油及生物柴油的喷雾和燃烧氧化过程,试验发现燃油的黏度越大,喷雾锥角越大,流量系数越小,气相喷雾贯穿距越短。Kim 等研究了生物柴油和二甲醚燃油的喷雾雾化过程,试验发现生物柴油的雾化效果比二甲醚燃油的雾化效果差。

在国外对于生物柴油的研究如火如荼开展的同时,国内部分学者也对柴油机应用生物柴油燃料进行了大量的试验研究。黄慧龙和王忠等对生物柴油的非常规排放物进行了测量研究。董芳等针对不同原料的生物柴油的润滑性能进行了分析,研究结果表明:以大豆油和棕榈油为原料的生物柴油的润滑性能最好;在生物柴油体积分数大于 20% 的情况下,其润滑性能基本与纯生物柴油一致,因此 20% 的生物柴油加入量基本可以使柴油的润滑性能达到最佳。周映和陈永龙等对生物柴油对柴油机系统的腐蚀性影响进行了研究。此外,针对中国地理位置及资源分布情况,广西、贵州、江西和黑龙江等分别针对自身植被特点对生物柴油原料进行了研究分析。

在过去的 30 多年中,国内外针对这种脂肪酸甲酯生物柴油在柴油机上的应用开展了广泛的研究,有力地推动了生物柴油产业的发展,但近年来越来越多的科学研究表明,除 NO_x 排放高这一被广为关注和研究的难点外,脂肪酸甲酯生物柴油还存在以下缺点:其属于脂肪酸类化合物,化学结构与柴油明显不同,热值相对较低;与柴油混合使用,混合稳定性差;氧化安定性差,长时间存放易变质;长期使用会腐蚀发动机橡胶类部件;易氧化,会导致燃油酸化,形成不易溶解的沉淀物堵塞滤清器和喷嘴。这诸多问题均与该种柴油本身的成分有关,从而很难从根本上解决问题,使得脂肪酸甲酯生物柴油在车用市场的推进不断受阻。

此外,脂肪酸甲酯生物柴油原料存在"与人争粮,与粮争地"的现象,近年来一直备受争议。因此,基于加氢催化工艺的二代生物柴油和基于生物质气化技术的三代生物柴油引起关注。

(2)二代生物柴油的研究及应用现状

与脂肪酸甲酯生物柴油已经进入产业化应用不同,目前二代生物柴油和三代生物柴油仍然处于研发阶段。以动植物油脂为原料,采用适当的催化剂,经加氢脱羧基、加氢脱羰基及加氢脱氧反应后,可生成饱和正构烷烃结构的燃油,但由于正构烷烃熔点较高,低温流动性差,所制备的生物柴油的冷凝点偏高,所以往往会通过进一步的临氢异构反应将上述的部分或全部正构烷烃转化为异构烷烃,从而降低其冷凝点,提高其低温流动性能,使其可直接车用。

近年来,许多国家都增强了对发展二代生物柴油的重视程度和投入力度。Neste 公司是发展加氢催化二代生物柴油的领跑者,于 2005 年、2006 年分别投资 1 亿欧元在芬兰 Porvoo 建设二代生物柴油炼油厂,年产量均达 17 万吨。随后陆续在新加坡、荷兰鹿特丹分别投资 5.5 亿欧元、6.7 亿欧元建立独立的加氢催化二代生物柴油炼油厂,年产量达 80 万吨,目前生产规模已达 200 万吨/年。美国 UOP 和意大利 ENI 公司合作开发了 Ecofining 技术来生产二代生物柴油,目前已建成了 81 万吨规模的炼油厂。此外,巴西国家石油公司、英国 BP 公司、美国康菲(COP)公司和日本石油公司均进行了二代生物柴油的掺炼研究。

目前,国外二代生物柴油生产技术已经逐步进入工业生产与应用,但迄今为止,因加氢异构第二道工艺的复杂性及高成本,我国有数家企业仍从事加氢法生物柴油(绿色柴油)的生产,其中,北京三聚环保新材料股份有限公司产量达 20 万吨/年,石家庄常佑生物能源有限公司产量达 20 万吨/年、扬州建元生物科技有限公司产量达 20 万吨/年。由于加氢法生物柴油没有纳入国家交通燃料管理范围,也无相关标准,理论上不允许进入国内成品油市场,所以目前此类产品基本全部用于出口。

脂肪酸甲酯生物柴油的众多研究结果表明,该种生物柴油燃烧后的 NO_x 排放要高于传统柴油,但由于二代生物柴油不含氧,其 NO_x 排放问题已不存在。Kale 和 Kulkarni 等研究发现,发动机使用二代生物柴油后,燃烧和排放性能均更好。Suh 等在一台直喷柴油机上对比研究了二代生物柴油/柴油混合燃油与柴油的动力性和经济性,研究结果表明:二代生物柴油的添加对热效率没有多大影响,但二代生物柴油的消耗量却增加了。Hirkude 等在一台单缸直喷柴油机上开展了分别掺混二代生物柴油 20%、40%、60%和 80%的混合燃油的动力性、排放性和燃烧特性的研究。研究结果表明,与柴油相比,二代生物柴油的着火延迟期(ID)延长,最大压力升高率增大,放热率减小,燃油消耗率升高。Zhang 等在一台欧Ⅳ发动机上研究了二代生物柴油在不同转速(1 200~3 600 r/min)和不同负荷(25%、50%和 100%)下的燃烧特性、动力性和排放性。研究结果表明,在低负荷条件下,二代生物柴油的 CO_2、HC 和 NO_x 排放降低,CO 排放增加,但是在发动机低转速、高负荷条件下,获得的试验结果与上述相反。研究者对二代生物柴油的研究主要集中在发动机的动力性和排放性上,尚未开展更深层次的机理研究。与此同时,由于二代生物柴油以动植物油脂为原料,其具有优异的调和性质和低温流动性能,是未来生物柴油生产技术的主要发展方向之一,值得深入研究。

(3)三代生物柴油的研究及应用现状

由于二代生物柴油制备原料仅限于动植物油脂及废油脂,从原料方面来看,二代生物柴油较脂肪酸甲酯生物柴油没有明显进步。因此,研究者又以非油脂类物质(如木屑、农作物秸秆和固体废弃物等)和微藻、微生物油脂为原料,通过生物质气化技术和催化加氢反应来制备生物柴油,即第三代生物柴油。

采用非油脂类生物质作为原料,可以避免燃料与食物之间的竞争,降低生产成本;采用微生物油脂作为原料,具有繁殖速度快、生产周期短、所需劳动力少且同时不受场地、季节和气候变化的影响等优势。以非油脂类生物质为原料制备生物柴油的原理是:先通过生物质气化系统把高纤维素含量的非油脂类生物质制备成合成气,再采用气体反应系统对其进行反应,并在气体净化系统和利用系统中催化加氢使其转化为超洁净的生物柴油。其中利用生物质气化制备合成气,进而合成生物柴油,是生物能源利用的新途径。以微生物油脂为原料制备生物柴油的原理是:高产脂微生物在培养发酵过程中由于其代谢作用在胞内积累了大量的脂肪酸(油脂),将脂肪酸萃取,先纯化出多不饱和脂肪酸,余下的大量脂肪酸与甲醇或乙醇等短链醇进行酯交换反应合成生物柴油和甘油。其中最关键的是利用微生物生产精制油脂,其过程包括高产油脂菌的筛选、发酵培养、菌体收集与预处理、油脂提取与精炼,最后获得高品质的微生物油脂。这种非常有潜力的第三代生物柴油,因其制备工艺及设备复杂,整体仍处于研发阶段,而其在柴油机上的应用则更为遥远。

脂肪酸甲酯生物柴油因其自身所存在的种种弊端,始终没能进入车用市场;三代生物柴油因其制备技术复杂,尚处于初期的研发阶段,距离真正实现产业化还有很长的路要走;而二代生物柴油虽然具有非常多的优势,但其采用的临氢异构工艺大幅度增加了炼油企业的成本,同时也丢失了燃油高十六烷值的附加属性,这在一定程度上阻碍了二代生物柴油的开发利用。因此,本研究团队和江苏佳誉信股份有限公司合作,转变了二代生物柴油产业化的研发思路。本书针对地沟油等原料,在经过第一个加氢催化工艺获得饱和烷烃结构的生物柴油后,不再继续第二个甚为复杂的临氢异构过程,这样既大大降低了制备成本,又保留了燃油高十六烷值的附加属性。该种高品质燃油因其与柴油的分子结构组成几乎完全相同,故可与柴油无限制地稳定互溶。因此,将其直接和炼油企业出厂的柴油中占比为40%的低十六烷值、低凝点柴油以适当比例混合,不仅解决了其低温流动性差问题,而且提升了低端柴油的品质,使其可用于车用柴油机。该技术路线以其低成本、高品质的优势为更快推动二代生物柴油进入车用市场提供了一条途径。

1.1.2 加氢催化生物柴油的制备及特点

（1）加氢催化生物柴油制备工艺

动植物油脂的主要成分是脂肪酸甘油酯,其脂肪酸链长度一般为 $12\sim24$ 个碳,以 16 个和 18 个碳为主。动植物油脂含有的典型脂肪酸有饱和酸（棕榈酸和硬脂酸）、一元不饱和酸（油酸）和多元不饱和酸（亚油酸和亚麻酸）,其中不饱和脂肪酸多为一烯酸和二烯酸。由各类油脂制备的加氢催化生物柴油（hydrogenated catalytic biodiesel, HCB）是在化石燃料催化加氢的基础上发展起来的,只是化石燃料的氧含量较低,大多为 $0.1\%\sim1.0\%$,因此加氢脱氧并没有加氢脱硫等的作用显著。油脂基本不含硫,氧含量却高达 11%（亚麻酸的氧含量为 11.5%）。在催化加氢条件下,脂肪酸三甘酯发生不饱和酸的加氢饱和反应,并进一步裂化生成包括二甘酯、单甘酯及羧酸在内的中间产物,再经过除氧反应等一系列过程最终得到烃类,同时副产品为丙烷、水、CO 和 CO_2 等。

油脂转化为烃类柴油组分的过程包含多种化学反应:双键饱和（加氢）、除氧（加氢脱氧、脱羧基或脱羰基）、脱除杂原子（硫、氮、磷和金属）、除氧过程中长链烷烃的异构化及副反应（甘油三酯分子中脂肪酸链的加氢裂化、水煤气变换、甲烷化、环化和芳构化反应）。最主要的反应为除氧反应,油脂通过加氢脱氧、脱羰基或脱羧基反应可直接得到长链饱和脂肪烃(高十六烷值的柴油组分),加氢脱氧可以得到相同碳数的长链脂肪烃,脱羰基或脱羧基反应可得到少一个碳的长链脂肪烃。上述 3 种反应路径所占比例主要取决于所用的催化剂,反应条件则会对副反应和异构化反应发生的程度产生较大影响。

加氢催化生物柴油制备工艺流程示意图如图 1.1 所示。

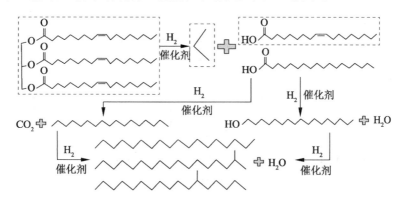

图 1.1　加氢催化生物柴油制备工艺流程示意图

采用废油脂、动植物油脂,通过合适的催化剂,经加氢催化工艺制取生物柴油时,在加氢催化条件下,第一步可获得直链饱和烷烃结构的燃油,不再继续进行第二步的临氢异构工艺,转而通过调和低凝点柴油和该种加氢催化生物柴油,即可在解决低温流动性差问题的同时,提升低端柴油的品质。该技术路线成为推动加氢催化生物柴油快速进入车用市场的重要途径。

（2）饱和烷烃结构的加氢催化生物柴油的特点

对以地沟油为原料制备的饱和烷烃结构的加氢催化生物柴油,采用优选的催化剂,经过加氢催化工艺制备的加氢催化生物柴油（HCB）与脂肪酸甲酯生物柴油和国Ⅵ柴油的理论特性进行对比,如表 1.1 所示。从表中可以看出,该种饱和烷烃结构的加氢催化生物柴油与国Ⅵ柴油相比,只有凝点不达标,其他方面的优势如下:

① 密度小;

② 十六烷值高,有利于着火;

③ 不含氧、芳烃类物质,硫含量少,排放性能好,具有优良的环保性能;

④ 氧化安定性好,稳定性好;

⑤ 酸度低,对设备的腐蚀性小;

⑥ 可直接用于现有的柴油机和柴油配送系统。

表 1.1　HCB 与脂肪酸甲酯生物柴油和国 VI 柴油的理化特性对比

燃油理化特性	HCB	脂肪酸甲酯生物柴油	国 VI 柴油
密度(20 ℃)/(kg · m^{-3})	781.6	876	830
十六烷值	90	59.3	49
动力黏度(40 ℃)/(mPa · s)	3.172	6.945(20 ℃)	3.6
硫含量/(mg · kg^{-1})	<0.008	7.805	<10
低热值/(MJ · kg^{-1})	44	36.7	38
多环芳香烃/%	0	—	4
氧化安定性/(mg · 10^{-2} mL^{-1})	0.1	0.1	2.5
酸度/(mg KOH · 10^{-2} mL^{-1})	0	5.843	7
灰分/%	0.008	0.001	0.01
冷凝点/℃	18	−3	−2
闪点/℃	140	—	55
馏程(95%)/℃	365	342	329
10%蒸余物残炭/%	0.03	0.03	0.03
闪点(闭口)/℃	140	—	55
铜片腐蚀(50 ℃,3 h)/级	>1 a	>1 a	>1 a
正构烷烃体积分数/%	80.65	0	36.98
异构烷烃体积分数/%	8.92	0	23.3

使用气相色谱质谱联用仪(gas chromatography and mass spectrometry,GC-MS)对 HCB 的主要成分进行检测,测试结果如图 1.2 所示。从图中可以看出,其主要成分为饱和长直链烷烃,其中正构烷烃占比 83.99%,异构烷烃占比 8.92%,占比较高的物质依次为正十八烷(31.19%)、正十六烷(18.44%)和正十七烷(13.57%)。

加氢催化生物柴油属于高品质燃油,但十六烷值过高(CN = 90),冷凝点高,这使得该种正构烷烃结构的生物柴油无法直接车用。据统计,目前炼油企业出厂的柴油中有 40%属于大密度、低十六烷值、低凝点及低硫含量的催化柴油,面对当前燃油品质量升级的压力,将上述这种饱和烷烃结构的加氢催化生物柴油与该类催化柴油调和使用,可形成优势互补,这样既可实现石化柴油的部分替代,又可提升原有柴油的品质,并预期会获得更优的燃烧和排放性能。但该种特殊的混合燃油在发动机上使用的燃烧和排放性能究竟如何,如何获得更优的使用性能,则需要大量的喷雾燃烧及碳烟测试方面的基础研究数据。

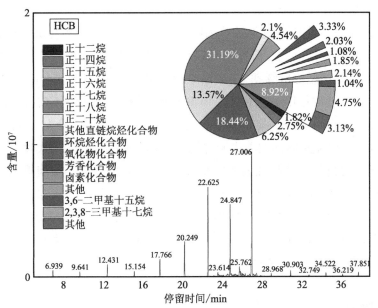

图 1.2 加氢催化生物柴油 GC-MS 测试结果

（3）加氢催化生物柴油发动机应用现状

对于加氢催化生物柴油在发动机上应用方面的研究,Hwang 等对两步加氢催化工艺所制备的生物柴油进行了全面的冷态喷雾和燃烧试验研究。试验结果表明,由于生物柴

扫码看彩图 1.2

油的黏度较大,其喷油延迟长于纯柴油。同时,相比于柴油,加氢催化生物柴油具有较长的液相贯穿距和较小的喷雾锥角。在相同的负荷和发动机转速下比较生物柴油与柴油的燃烧特性发现,由于生物柴油热值较低,其燃油效率和缸内峰值压力均低于柴油。An 等对两步加氢催化工艺所制备的生物柴油在发动机上开展了燃烧和排放试验研究,试验结果表明:相比于纯柴油,生物柴油具有较短的着火延迟期和较低的峰值放热率。在排放表现上,使用生

物柴油时 HC 和 CO_2 排放有所降低,在大部分工况下 NO_x 排放也会降低,在发动机的转速小时 NO_x 排放会高于纯柴油。Lapuerta 等将两步加氢催化工艺所制备的生物柴油与柴油进行掺混后展开了燃烧及排放试验研究,试验结果表明:随着燃油中加氢催化生物柴油比例的增加,燃烧效率没有显著变化,碳烟排放显著减少,并且碳烟平均粒径减小,但燃油的消耗率增加。Enrico 等对这类生物柴油展开了排放试验研究,同样得出结论:使用加氢催化生物柴油与柴油掺混可以降低排放。

目前本书针对 HCB 在燃油喷嘴内流、喷雾、着火、燃烧及发动机试验等方面均展开了相应的研究。研究结果表明,相对于柴油,HCB 具有较短的着火延迟期和较短的燃烧持续期,在柴油中掺混 HCB 可以达到同步降低 NO_x 和 PM 排放及油耗的作用。本书对将 HCB 与汽油掺混以适用于 GCI(汽油压燃)燃烧工况也展开了探索性研究。在定容燃烧弹内的研究结果表明,在汽油中掺混 HCB 可以缩短燃油的着火延迟期,缩短火焰浮起长度,增大喷雾液相长度;对该混合燃料空化特性的研究结果表明,HCB 的掺混会抑制喷嘴内的线空化现象,且汽油/HCB 混合燃料喷嘴内线空化现象要弱于汽/柴油;在发动机试验台上的研究结果表明,HCB 的掺混可以大幅提升燃油的着火性能,并且采用多次喷射策略可以显著降低汽油/HCB 混合燃料的压力升高率和降低 PM 排放,但会增加 CO 和 HC 排放。

1.2 研究内容及意义

内燃机燃用生物柴油有着广阔的前景,本书主要对加氢催化生物柴油喷雾燃烧及其在发动机中的应用进行了全面、系统的介绍,并针对加氢催化生物柴油,介绍了喷嘴内流、定容燃烧弹、光学发动机可视化测试平台,详细介绍了多种同步光学测试技术和方法,对比分析了加氢催化生物柴油掺混柴油、汽油和甲醇燃料喷雾、燃烧、缸内燃烧特性和污染物的排放特性,构建了生物柴油理化特性、喷雾和燃烧特性关联数据库,开发了高品质生物柴油燃烧性能评价系统,为加氢催化生物柴油的应用提供了翔实的数据支撑,也为不同燃料发动机的应用提供了评估手段。本书旨在为燃料开发领域相关科研人员提供参考。

第2章　性能测试平台及测量方法

本书基于燃料设计理念来实现发动机高效超低排放,对燃油经供油系统喷射、雾化、着火燃烧及碳烟生成过程进行精细的解耦合机理研究,针对发动机燃烧的"黑匣子"问题,开展加氢催化生物柴油的喷雾燃烧特性及其在发动机中的应用研究。先进的光学诊断和联合测量技术为本研究提供了有效的解决途径。

2.1　性能测试平台

2.1.1　喷嘴内流可视化测试平台

高压共轨燃油喷射系统原尺寸量级透明喷嘴内部流动及喷雾可视化测试平台,可以捕获不同种类的燃油(包括生物柴油在内)的高喷射压力、原尺寸微小孔径透明喷嘴内的空化流动瞬态发展过程,以及分析其对喷雾的影响特性。现阶段原型透明喷嘴燃油的喷射压力可以达到 110 MPa,透明喷嘴喷孔孔径可达到 0.15 mm,精确的燃油温度控制使得该类平台适用于包括大黏度生物柴油在内的各类燃油在压燃式发动机燃油喷射工况条件和喷嘴几何尺寸条件下的内流和喷雾研究。

试验系统主要包括电控高压共轨燃油喷射系统、高速数码显微成像系统。试验测试平台的工作原理如图 2.1 所示。从图中可以看出,燃油从油箱出来经过燃油滤清器过滤后,由低压油泵加压成低压油后供给高压油泵,高压油泵进一步加压后将高压油供给共轨管稳压,然后经过油管将高压油输送到电磁阀共轨喷油器中。试验时,通过电脑控制 ECU(电子控制单元)发出喷油信号,与此同时 ECU 给出 TTL(晶体管-晶体管逻辑)同步信号触发相机开始拍摄,而后通过高速数码显微成像系统捕获喷嘴内流和喷雾发展图像。

(1)电控高压共轨燃油喷射系统

高压共轨燃油喷射系统能够灵活控制电控高压共轨燃油喷射系统的喷油压力、高压油泵转速和喷油脉宽等。为了集中收集喷油过程中产生的油雾,在定容弹多余的窗口上外接了油雾捕集器。电磁阀喷油器安装在定容弹上端,利用高压油管将共轨管和喷油器连接在一起。

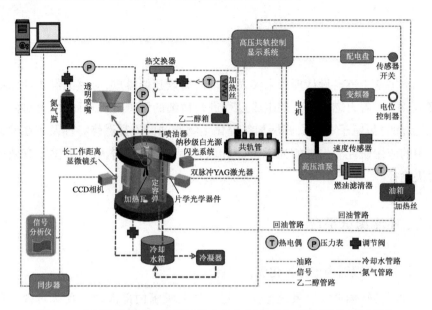

图2.1　高压共轨原尺寸量级透明喷嘴内部流动及喷雾可视化测试平台

在喷嘴内流试验中,为了获得完整的喷油过程,需要在喷油信号输出时同步触发高速数码相机开始拍摄。由于试验所用的高压共轨系统不能实现多路信号同步输出,所以需要独立配备一个喷油控制ECU,而高压共轨系统仅用于控制喷油压力。使用的喷油控制ECU为常州ECTEK公司生产的多功能喷射控制仪(EC94821ZZ.000)。为了适应多种控制对象,控制器采用模块化设计,集信号采集、电机和电磁阀等执行器的控制,以及点火、喷射控制于一体。该多功能喷射控制器具有以下特点:

① 可对柴油喷射、汽油喷射(进气道喷射和缸内直喷)、燃气喷射、点火进行独立控制,各类喷射或点火的脉宽和提前角可在线调整,具有短路保护功能。

② 可以模拟喷射或点火,且缸内直喷型喷射驱动可实现最多5段喷射;支持多路模拟量、数字量信号采集,以及宽氧传感器和爆震传感器信号的处理。

③ 采用模块化设计,喷射点火驱动和信号采集分离,适应缸数可通过驱动模块增减来匹配;各板卡间以及对外通信都采用CAN网络通信。

系统根据喷射压力、对应流量量程范围的不同,装配有不同结构类型的流量传感器(见表 2.1 和表 2.2),针对燃油喷射系统中存在的压力波动,开发了喷嘴端压力瞬态检测系统,压力变送器的具体参数如表 2.3 所示。

表 2.1　不同量程下智能涡轮流量传感器的参数

参数	说明	
流量计名称	智能涡轮流量传感器	
流量计型号	LWGY-4ZX	LWGY-10ZX
理想测量范围/($m^3 \cdot h^{-1}$)	0.04~0.25	0.2~1.2
精度等级	1.0	
公称压力/MPa	6.3	
连接方式	螺纹连接	
表体材质	不锈钢	
叶轮材质	2Cr13	
显示方式	内置 3 V 锂电直流供电,现场显示瞬时流量	

表 2.2　气体涡轮流量计的参数

参数	说明
流量计名称	气体涡轮流量计
流量计型号	LWQ
理想测量范围/($m^3 \cdot h^{-1}$)	0.25~30
精确度	$\pm 1.0\% R$
公称压力/MPa	4.0
介质温度/℃	−20~80
表体材质	不锈钢
输出信号/mA	4~20
显示方式	内置 3 V 锂电直流供电,现场显示瞬时流量

表 2.3 压力变送器具体参数汇总

参数	说明
型号	CYG1401F
测量范围/MPa	0~8
准确度等级/%	0.5
信号输出范围/V	0~5
供电方式	5 V DC
补偿温度范围/℃	25~80
使用温度范围/℃	−50~120

(2)高速数码显微成像系统

高速数码显微成像系统主要由高速数码相机、长工作距离显微镜头、LED光源和电脑组成。日本 Photron 公司生产的高速数码相机(FASTCAM SA-Z)感光元件为 CMOS 感光元件,所得照片的最大分辨率为 1 024 px×1 024 px;相机的最大拍摄速率可达 210 000 f/s,但此时相机拍摄照片的分辨率仅为 384 px×160 px。为了获得更大区域喷嘴内的空化发展及喷雾瞬态发展信息,并且保证拍摄的照片具有较高分辨率,选取 100 000 帧/s 的拍摄速率开展试验(两张照片拍摄时间间隔 10 μs),所得照片的分辨率为 640 px×280 px。

由于柴油机共轨喷油器喷嘴喷孔的直径为 0.10~0.25 mm,在该尺寸范围,利用普通的镜头难以清晰地捕获详细的空化流动细节,因此高速数码相机必须配备一个长工作距离显微成像镜头,以便将物像放大到足够大再拍摄。美国 Questar 公司生产的 QM-1 长工作距离显微镜头的工作距离可在55~170 cm 范围内进行调节,视场范围为 0.9~15.0 mm(直径),分辨率可达2.7 μm;当选用 16 mm 目镜时,镜头最大放大率为 125 倍。本书为了获得合适的视场,以便能同时捕获整个喷嘴喷孔区域和近场喷雾区域,图片单个像素点大小约为 10 μm,整个拍摄区域的尺寸约为 7.5 mm×3 mm。

基于阴影法的喷嘴内流瞬态发展可视化试验对光源的选择有特殊的要求。由于相机的拍摄速度快(100 000 帧/s),试验中相机感光元件曝光时间仅为 2.5 μs,如果光源光强太弱,将导致相机进光量不足,相机就难以拍摄到足够亮度的照片。虽然通过增加曝光时间的方法能够使拍摄的照片亮度增加,但是曝光时间的增加将导致像移增加,所得照片的清晰度会大打折扣,因此选取足够光强的光源是非常重要的。试验选用德国 Dantec Dynamics 公司生产的 120 W 高频脉冲 LED 光源。脉冲状态照明时 LED 亮度为 15 600 lm，持续照明时 LED 亮度为 10 200 lm；其最大脉冲频率为 100 kHz，最小脉冲时间为 2 μs；LED 灯反射光束角度为 28°。

（3）原尺寸量级透明喷嘴的材料选择

为获取接近真实工况、清晰的喷嘴内流可视化图像，透明喷嘴材料的选择不仅需要考虑其透光性和力学性能，还需要材料的折射率与柴油近似。这是因为在喷孔直径（100 μm）这个长度尺度下，如果柴油的折射率（1.49~1.51）与透明材料折射率的差异较大，那么即使透明材料拥有较好的透光性，高速数码相机得到的内流图像也会模糊不清。考虑到以上因素，本研究分析了 4 种制作喷嘴的透明材料，它们的物性参数如表 2.4 所示。4 种材料中，有机玻璃具有与柴油最接近的折射率、最优的透光性、良好的加工性能，聚碳酸酯透明材料则具有更好的承压能力和耐高温（可在 115~130 ℃ 的温度范围内正常工作）能力。因此，本书针对不同的研究方案主要选择有机玻璃和聚碳酸酯材料来加工微小孔径的原尺寸透明喷嘴，开展高压下的内流及喷雾试验。

表 2.4　透明材料物性对比

透明材料类型	透光性/%	抗拉强度/MPa	冲击强度	折射率
有机玻璃	92	35~55	良	1.49
聚碳酸酯	89	50~70	优	1.58
蓝宝石	85	300~400	差	1.76
石英玻璃	90	35~85	差	1.50~1.75

（4）原尺寸量级透明喷嘴的加工

由于金属喷嘴不透光，用普通的光学测量方法，在原型的柴油喷油器喷嘴上难以获得喷嘴内部的流动特性图片。对喷嘴结构的研究发现，喷嘴针阀与针阀体密封面以下的压力室结构及喷孔结构是影响燃油流动特性及喷雾特性的关键，采用精密金刚石砂轮先将共轨喷油器的金属喷嘴头部自密封线以下切除，然后替代装配以自行加工的透明喷嘴头部，在装配长工作距离显微镜头的高速数码相机下，即可获得清晰的喷嘴内部流动及喷雾的瞬态特性图像。考虑到试验设计的喷嘴压力室（SAC）直径为 1 mm，为了保证透明喷嘴和原金属喷嘴流道的配合，在切除金属喷嘴头部的时候，需要保证金属喷嘴切除后的流道直径为 1 mm。此外,为了提高金属喷嘴与透明喷嘴接触面的密封性能,需要尽可能地提高金属喷嘴切除面的光洁度,因此在切除金属喷嘴头部的时候,需要先选用较粗的金刚石砂轮(240 目)将金属喷嘴头部材料切除,而后采用较细的金刚石砂轮(2 000 目)对金属喷嘴切削面进行精整。因为金属喷嘴的切除部分较少,且切除部分在喷嘴密封线以下(见图 2.2a),所以金属喷嘴依然拥有良好的密封性能。此外,参照实际喷油嘴喷孔夹角的设计,本研究所有透明喷嘴喷孔与针阀轴线的夹角皆为 70°(见图 2.2b)。

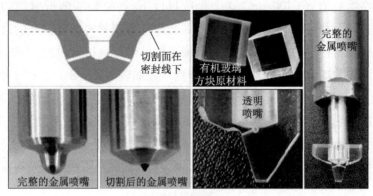

(a) 加工过程

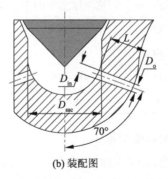

(b) 装配图

D_{in}—喷嘴内径;D_o—喷嘴外径;D_{sac}—储腔直径;L—喷嘴长度。

图 2.2 透明喷嘴与金属喷嘴加工过程及装配图

2.1.2 定容燃烧弹准稳态喷雾燃烧光学测试平台

高温高压定容燃烧弹是国内外可视化研究液体燃料喷雾燃烧特性的主要测试平台。其中,定容燃烧弹因其能够提供稳定的高温高压环境而广泛应用于喷雾燃烧光学测试中。研究中通过测试数据可以更好地理解喷雾燃烧和碳烟生成过程,以及发动机缸内喷雾、燃烧及碳烟模型。定容燃烧弹通过内置电阻丝直接加热的方法,配合不同进气方式可模拟发动机在上止点附近的高温高压环境,通过弹体开设的光学窗口,实现燃油喷雾、燃烧及碳烟生成过程可视化研究。整个光学测试系统主要由弹体、燃油供给系统、进气系统、排气系统、数据采集分析系统组成。

如图 2.3 所示,定容燃烧弹整体呈现圆柱体对称结构,腔体高度为 993 mm,外径为 530 mm,有效容积为 12 L,可以实现 2D 燃烧室位置全方位调节。主体材料是不锈钢,可以承受最高 6 MPa 的工作压力。

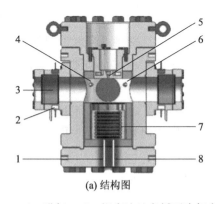
(a) 结构图

(b) 实物图

1—进气口;2—视窗法兰盘循环冷却水;3—JGS1 高透紫外石英玻璃;
4—温度传感器;5—喷油器;6—压力传感器;7—电加热丝;8—排气口。

图 2.3　定容燃烧弹的结构图和实物图

定容燃烧弹的顶部布置有喷油器底座,在弹体四周对称分布 4 个视窗,视窗内放置 JGS1 高透石英玻璃,同时视窗由内到外放置隔热橡胶垫圈、耐高温四氟带、四氟垫片,实现对法兰盘视窗的密封。视窗外部用环形不锈钢盖板通过螺栓压紧,整个视窗的有效通过直径约为 100 mm,配合高速数码相机(high-speed CMOS camera)、像增强器相机(intensified coupled-charge device, ICCD)和其他光学器件可以进行多种喷雾和燃烧碳烟的可视化测试。定容燃烧弹外围开有若干小孔,用以放置各类传感器。在腔体下部,放置电加热丝对腔内气体进行预热,最高温度可至 1 000 K,同时放置石棉保温层减少热量散失。为了避免高温烧坏重要部件,在喷油器底座和视窗法兰盘上均布置了循环冷却水系统进行强制冷却。所用的喷油系统是一套经改造的 Bosch 公司的高压共轨式燃油喷射系统,喷油压力最高可达 180 MPa。其中,喷油器的安装适配底座采用模块化设计,根据试验需求可以更换不同型号的喷油器,本研究中采用孔径为 0.12 mm 的单孔喷油器开展试验,为了减少喷油器喷嘴对光路的干扰,喷嘴伸出喷油器底座的长度为 1~2 mm。试验过程中,使用常州易控 ETCEK 软件实现精确电控,可实现 40~180 MPa 压力范围内喷油压力的精确调节,并灵活设定喷油时刻、喷油脉宽、喷射次数,可准确实现分段喷射。通过 BNC 同步器,喷油系统可以与喷雾燃烧测试系统进行实时通信,实现燃油喷射、相机之间的同步控制。

在定容燃烧弹的腔内底部安装有进气口和排气口,进气管一端连接高压气瓶,另一端连接进气口,通过进气电磁阀控制进气量,可以充入空气、氮气和其他不同组分的气体模拟不同废气再循环(exhaust gas recycle,EGR)条件。为了避免试验后的高温废气损坏设备,燃烧废气由排气口经散热器再由排气管排出,排气系统上安装安全阀可以保证系统超压时自动泄压。在定容燃烧弹腔体下部的加热丝处和喷油器喷嘴处分别布置一个温度传感器,用以监测加热丝的温度和工作环境温度。温度的测量范围为 0~1 000 K,压力传感器的测量范围为 0~6 MPa,所有数据均采用实时数字显示,采样频率不小于 1 Hz。

2.1.3　光学发动机瞬态喷雾燃烧光学测试平台

开展瞬态过程燃烧及碳烟试验研究需要在特定的光学发动机上进行。试验中,通过改造一台四缸柴油机,保留其中一缸,可以用于研究或测试该缸的性能和运行状态。光学发动机系统如图 2.4 所示,主要包括双燃料喷油系统、电力测功机、进气系统、高速成像系统、数据采集系统和 ECU 控制系统。光学发动机试验台架如图 2.5 所示。高活性 HCB 通过缸内直喷进入燃烧室,低活性汽油通过稳压气瓶提供喷油压力并在进气道内随空气进入缸内。万向联轴器连接电力测功机和发动机本体,通过电力测功机倒拖光学发动机启动,在一段时间后达到额定转速并保持不变。为了改变进气温度和保持进气压力相对稳定,在进气系统中还安装了加热装置和稳压储气罐。发动机改造部分主要体现在加长活塞上,通过采用石英玻璃制成的活塞保持透光性,火焰自发光信号透过加长活塞,经过安装在底座的 45° 反射镜,由高速相机捕捉。ECU 集成控制各个信号,包括喷油信号、进气温度流量信号、压力信号、转速信号以及高速相机触发信号等,在控制终端集中监测。

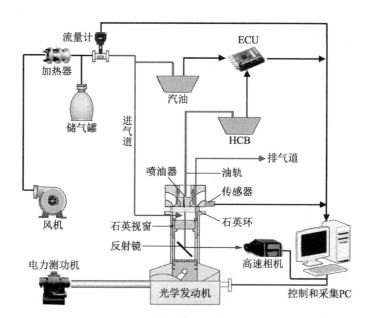

图 2.4　光学发动机系统示意图

图 2.5　光学发动机试验台架实物图

　　测试台架是以江铃 VM 2.5 T 柴油机为原机搭建的,表2.5列出了发动机相关测试设备的型号和用途。信号同步器和电控单元将信号集中于控制 PC,完成数据采集与反馈。

表 2.5 光学发动机测试设备

仪器	型号	用途
电力测功机	CAMACJ45	倒拖发动机运转
高压共轨	BOSCHLWRN3	提供缸内直喷压力
缸压传感器	Kistler 6058A	采集缸内压力信号
燃烧分析仪	DEWE-800	计算压力、放热数据
高速相机	FASTCAM SA-Z	采集缸内喷雾燃烧图像

试验用光学发动机采用四气门自然吸气,缸内直喷喷油器为 6 孔对称布置。汽油喷油器安装在进气道内,利用较高的进气温度来加速汽油的蒸发,提高汽油雾化效果。为了避免在扫气过程中尾气将汽油带走,需要将汽油喷射时刻设置在进气门开启且排气门关闭的时刻。光学发动机的主要结构参数如表 2.6 所示。由于在对原机改造过程中使用了加长活塞,配气机构发生位移,试验中对配气相位进行了重新调节测定,主要参数如表 2.6 所示。其中,进气门开启提前角为 10 °CA,增加了进气行程开始时气门的开启高度,减小了进气阻力,使得进气量增加;进气门关闭延迟角为 15 °CA,延长了进气时间,在大气压和气体惯性力的作用下进气量增加;排气门开启提前角为 31 °CA,借助缸内高压气体排气,减小了排气阻力;排气门关闭延迟角为 15 °CA,延长了排气时间,提高了排气效率。根据上述数据可知,气门重叠角为进气提前角与排气延迟角之和,即 25 °CA,同时满足了进气充足与排气干净的要求。

表 2.6 光学发动机主要参数

项目	技术参数
型式	四气门自然吸气
缸径/mm	92
行程/mm	44
连杆长度/mm	160
压缩比	12∶1
额定转速/$(r \cdot min^{-1})$	1 200
喷孔直径/mm	0.17
喷束夹角/(°)	120

项目	技术参数
进气道喷射压力/MPa	0.5
进气提前角/(°CA ATDC)	−10
排气延迟角/(°CA ATDC)	15
进气延迟角/(°CA ABDC)	15
排气提前角/(°CA ABDC)	−31

注:ATDC 表示上止点后,ABDC 表示下止点后。

　　高速相机作为试验中的主要测试设备,其精度对试验结果有很大的影响。相机型号为 Photron 公司生产的 FASTCAM SA-Z,如图 2.6 所示,其最高拍摄速率可达 224 000 帧/s,使用 200 mm 中长焦微距镜头,搭配光学平台,保证试验过程中光学镜头不发生抖动。相机和喷油器通过同步器相连并接入 ECU,其参数如表 2.7 所示。

图 2.6　高速相机

表 2.7　高速相机主要参数

项目	参数设置
拍摄速率	32 000(45 000)帧/s
曝光时间	1/133 333 s
分辨率	768 px×768 px
相机镜头	Nikon AF 200 mm 1∶4

　　为了对改造的发动机台架性能进行预先检测,本研究对循环波动性进行了标定试验。这种标定试验主要针对进气温度和转速对缸压的影响,以便确

定后续的试验工况。图 2.7 和图 2.8 分别显示了发动机转速以及进气温度对缸内压力的影响。图 2.7 为转速从 500 r/min 增大至 1 200 r/min 时,每循环缸内压力峰值随循环数变化的发展曲线。随着转速的增大,缸内压力峰值也不断增大,且到达稳定峰值时缸压所需要的循环数也有所增加,在发动机运行一段时间后,缸压曲线保持稳定,说明循环波动性测试结果满足试验要求,额定转速 1 200 r/min 对应的循环数为 20,即在发动机运转 20~22 个循环后,可以进行喷油燃烧试验。缸内压力也可作为判断发动机密封性能是否优良的标准,试验前通过测功机倒拖发动机空转,通过观察缸内压力是否波动或数值差距是否过大来验证发动机设备的密封性能。

由于光学发动机改造后压缩比较低,采用传统的自然吸气可能会出现压缩过程中高活性燃油不能被压燃的情况,引起燃烧效率低下,所以试验中引入了进气加热系统来提高压缩后期边界条件。引入进气加热系统之后,发动机的进气条件发生改变,因此需要掌握进气加热系统与发动机循环压力的变化关系。图 2.8 显示了进气温度从 30 ℃增加至 80 ℃时,每循环缸内压力峰值随温度变化的发展曲线。在各个转速下,随着进气温度的升高,缸内压力峰值也发生了变化:在 30~60 ℃内,根据理想气体状态方程,压力与温度成正比,缸内压力峰值提高;在 60~80 ℃内,进一步提高温度将导致空气密度减小,随着进气量的减少,缸内峰值压力反而减小。

此外,从图 2.8 中还发现,在低转速下,缸内压力对温度的敏感性大,随温度变化较为明显,而在转速达到 1 200 r/min 时,压力随温度的波动变得很小。这说明在此时的空转条件下,缸内压力与进气温度的关系不大,因此在额定工况 1 200 r/min 下,选择 80 ℃作为进气加热温度,选择 90 ℃作为发动机循环冷却液温度。

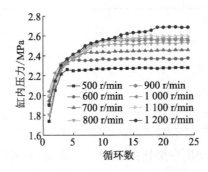

图 2.7　发动机转速对缸压的影响

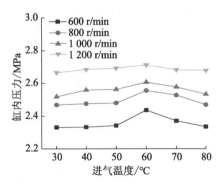

图 2.8　进气温度对缸压的影响

　　发动机运转之前,设备在循环冷却液的作用下得到充分预热,启动过程中利用进气加热来对压缩比进行补偿,使缸内燃油混合气的着火性能得到提升。考虑到光学发动机的强度与精度要求,光学燃烧试验不能长时间连续进行。当喷油信号发出后,发动机进入带负荷阶段,此时应控制循环数不超过30,且每次喷油燃烧试验结束均须拆卸缸体进行清洗处理,以保证光学视窗的透光性和试验结果的准确性。

2.1.4　发动机燃烧排放性能测试平台

　　发动机燃烧排放性能测试平台是一台 4 缸四冲程、增压中冷、电控高压共轨的商用柴油发动机,发动机参数见表 2.8。

表 2.8　发动机参数

参数	数值
气缸数	4
缸径/mm	83
行程/mm	92.4
连杆长度/mm	146
排量/L	1.999
压缩比	16.5
最大输出功率/kW	102

尾气排放的 NO_x、CO、HC 通过 Horiba 公司的 MEXA-7100DEGR 排气分析仪进行测量,颗粒物数量浓度则由微粒光谱分析仪 DMH500 MKII 进行测量(其结果见表 2.9)。试验装置及控制系统如图 2.9 所示。通过压力传感器(Kistler 6125C)、电荷放大器和数据采集系统进行缸内压力测量,转角分辨率以 0.1 °CA 为增量,在各工况下连续测量 100 个循环的压力数据。此外,试验中还使用温度传感器组来测量柴油机的工作状态参数。本试验选择转速 1 500 r/min 和功率 20 kW 作为试验工况,EGR 率为 10%。试验中通过温度传感器组控制发动机工作的状态参数,进气温度保持在(20±1) ℃,冷却液温度保持在(85±5) ℃。通过压力传感器、电荷放大器和数据采集系统,以曲轴转角 0.1 °CA 为增量,连续测量 150 个循环的缸内压力数据并计算平均值得到缸压曲线。通过以热力学第一定律为基础的零维燃烧模型对缸压曲线进行计算分析得到瞬时放热率曲线。将累计放热 5%、50% 和 90% 对应的曲轴转角分别定义为着火时刻(CA05)、燃烧重心(CA50)、燃烧结束时刻(CA90)。

表 2.9 所有测量设备的规格

设备	测量参数	测量范围	精确度
测功机	转速/$(r \cdot min^{-1})$	0~3 328	±0.1
	扭矩/$(N \cdot m)$	0~718	±0.05
	功率/kW	0~250	±0.12
油耗仪	燃料消耗速率/$(kg \cdot h^{-1})$	0~125	±0.15
压力传感器	缸内压力/MPa	0~25	±0.000 5
排气分析仪	NO_x 排放/10^{-6}	0~10 000	±1
	CO 排放/10^{-6}	0~12 000	±1
	HC 排放/10^{-6}	0~5 000	±1
微粒光谱分析仪	颗粒物/nm	5~1 000	$7.7 \times 10^2 \sim 1.4 \times 10^4$

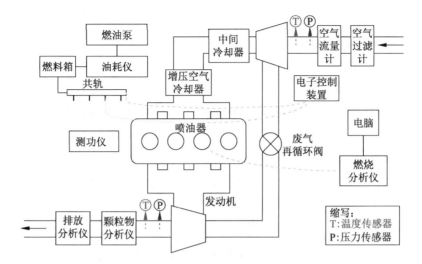

图 2.9　柴油机试验装置及控制系统

选择平均指示压力(indicated mean effective pressure, IMEP)及其变异系数(coefficient of variation, COV)、指示热效率(indicated thermal efficiency, ITE)和燃油消耗率(brake specific fuel consumption, BSFC)作为缸内燃烧特性的评价参数。IMEP 通过缸压曲线计算得到,其 COV 用来评价发动机的循环波动,一般认为 COV_{IMEP} 小于5%时发动机处于稳定运行状态。排放数据选择每个工况的9组数据取平均值,以消除试验误差。具体计算公式如式(2.1)至式(2.3)所示。

$$COV_{IMEP} = \frac{SD_{IMEP}}{\overline{IMEP}} \times 100\% \qquad (2.1)$$

式中, SD_{IMEP} 为150个循环 IMEP 的标准差; $\overline{IMEP}$ 为150个循环 IMEP 的平均值。

$$ITE = \frac{30 \times n \times V_S \times IMEP}{m_f \times LHV_f} \times 100\% \qquad (2.2)$$

式中, n 为发动机转速, r/min; V_S 为发动机排量, L; m_f 为燃料消耗量, kg/h; LHV_f 为燃料低热值, kJ/kg。

$$BSFC = \frac{m_f}{BP} \qquad (2.3)$$

式中, m_f 为燃料消耗量, kg/h; BP(brake power)为制动功率, kW。

2.2 测量方法

2.2.1 空化强度的测量

本书采用高速阴影成像法开展喷嘴内流试验研究,其成像原理如图 2.10 所示。由于燃油喷射压力较高,喷嘴内的流动常常为复杂的空化两相流,空化区域和燃油区域的液相密度存在较大差异。当光穿过喷嘴时,首先经过透明喷嘴(有机玻璃)和燃油的交界处,由于有机玻璃和柴油的折射率相近,因此在该交界处光线的折射程度较小。而后光线到达空泡和燃油的交界处,由于密度差异足够大,所以光线在进入气泡和离开气泡进入燃油时将发生两次较大程度的折射。由于大部分光被折射,高速数码相机在空化区域接收到的光强很小,因此在空泡区域得到的投影照片呈现黑色;在液态的燃油区域由于接收到的光强较强,图片呈现白色,如图 2.11 所示。

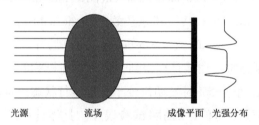

图 2.10 阴影法成像原理

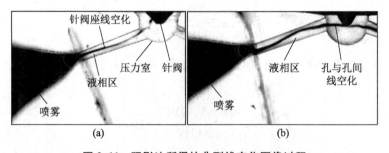

图 2.11 阴影法所得的典型线空化图像过程

当燃油喷出后,在近场喷雾区域由于湍流和空化的作用,油束开始破碎。此时的喷雾油束依然特别稠密,燃油基本为液态。光线经过油束的折射和散射作用到达高速数码相机的光线极少,因此喷孔外的油束呈现黑色。采用阴影法所得的典型图像如图 2.11 所示,通过 MATLAB 程序对喷雾边界进行拟合,最终可处理得到喷雾锥角 θ。图 2.11a 所示为典型的针阀座线空化,该线空化起源于针阀阀座;图 2.11b 所示喷孔中的线空化连接了喷嘴的两个喷孔,被称为孔与孔间线空化。

（1）数据后处理方法

根据阴影法成像原理,可以很容易得到不同时刻的针阀位置、喷雾锥角和线空化发展图像,然后使用 MATLAB 软件中编程后处理得到瞬态针阀升程、喷雾锥角(θ)、线空化强度(I_{string})和线空化平均图像等量化的数据处理结果。试验中,相同条件下的试验重复次数皆在 10 次以上。

采用普通的测量方法很难得出瞬态的针阀运动曲线,而使用同步辐射 X 射线成像的方法进行测试较为复杂。本书研究检测所用的有机玻璃喷嘴具有非常好的透光性,基于阴影法可以很容易得到清晰的针阀位置(见图 2.12)。首先,根据试验得到的照片选取合适的后处理列计算,由于针阀的尖端存在一个较小的平台,应当尽量选取针阀尖端平台中间的列从上向下计算,这样能最大限度地排除针阀摆动的影响;其次,程序对后处理列从上向下计算灰度值小于 10 的像素点的个数,将所得像素点的个数乘以像素点的大小,即可得到准确的针阀升程。在针阀关闭的状态下(见图 2.12a),针阀处于最低点,此时的针阀位置值最大(H_{max});其他瞬态时刻得到的针阀位置记为 H_t(见图 2.12b,c)。因此,由 H_{max} 和 H_t 两个量的差值即可获得实际的针阀升程(H),即

$$H = H_{\text{max}} - H_t \tag{2.4}$$

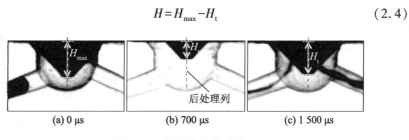

(a) 0 μs　　　　　　　(b) 700 μs　　　　　　　(c) 1 500 μs

图 2.12　针阀升程的后处理

喷雾锥角的后处理过程如图 2.13 所示。首先,利用 MATLAB 程序选取合适的喷雾锥角后处理区域(见图 2.13a),由于试验中高速数码相机拍摄速率为 100 000 f/s,拍摄照片的分辨率为 640 px×280 px,其拍摄区域范围约为 6 mm×3 mm,因此近场喷雾区域约取喷孔出口 2 mm 的区域。其次,选取一张没有喷雾的空白照片与选取的喷雾照片做减法得到关于喷雾的灰度图像,再

将得到的灰度图像进行二值化处理即可得到图 2.13b；最后，根据二值化图的边界拟合得到两条直线（见图 2.13c），根据两条直线的斜率 k_1 和 k_2，即可最终求得喷雾锥角 θ，求解公式如式（2.5）所示。

$$\theta = \arctan \frac{|k_1 - k_2|}{1 + k_1 k_2} \qquad (2.5)$$

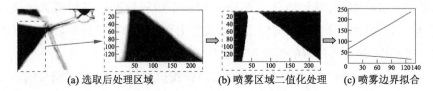

(a) 选取后处理区域　　(b) 喷雾区域二值化处理　　(c) 喷雾边界拟合

图 2.13　喷雾锥角 θ 的后处理过程

为了定量反映喷孔内线空化在二维图片中分布区域的大小及线空化的粗细程度，本书定义了线空化强度（$I_{线}$），将二维图片中线空化的面积（$S_{线}$）与二维图片喷孔的面积（$S_{孔}$）之比记为线空化强度，即

$$I_{线} = \frac{S_{线}}{S_{孔}} \qquad (2.6)$$

线空化强度的后处理过程与喷雾锥角的后处理过程类似，首先，需要截取喷孔区域开始计算；其次，同样地选取一张没有空化的照片（见图 2.14a）减去一张有线空化的照片（见图 2.14b）；最后，对所得图片进行二值化处理，得到如图 2.14c 所示的线空化图片。统计白色线空化区域像素点的个数，根据标定所得的像素点大小即可得到线空化面积，然后由式（2.6）即可得到线空化强度。

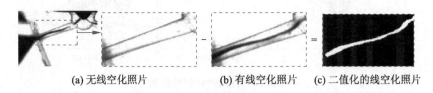

(a) 无线空化照片　　(b) 有线空化照片　　(c) 二值化的线空化照片

图 2.14　线空化强度的后处理过程

为了分析各个影响因素下线空化出现的平均强度差异，以及线空化在不同区域出现概率的差异，本书选出各种试验条件下的所有线空化照片进行平均计算处理，最终得到了线空化时间平均分布图像。线空化时间平均分布的后处理过程如图 2.15 所示。首先，程序选取所有线空化图片的喷嘴区域进行

叠加计算后求平均(见图 2.15a),主要是将图片每个像素点的灰度值(取值范围为 0~255,白色为 255,黑色为 0)叠加后除以图片张数,得到线空化平均灰度图(见图 2.15b);其次,为了更清晰地显示线空化在空间的分布,将灰度图转换成伪彩色图(见图 2.15c)。

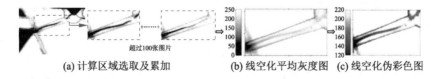

(a) 计算区域选取及累加　　(b) 线空化平均灰度图　(c) 线空化伪彩色图

图 2.15　线空化时间平均分布的后处理过程

(2) 空化试验结果重复性分析

可靠的试验应当有良好的重复性,因此随机选取相同喷射条件下的三次喷射过程来验证试验结果的重复性(见图 2.16)。由图可知,除了在喷油末期(3 700~3 900 μs)由于针阀关闭后喷嘴内的流动随机性较大,喷雾锥角的差异也较大。总体来说,在不同的喷射过程中,各个变量在相同喷射时刻的总体发展规律和波动范围基本一致,试验结果的重复性较好,试验结果可靠。

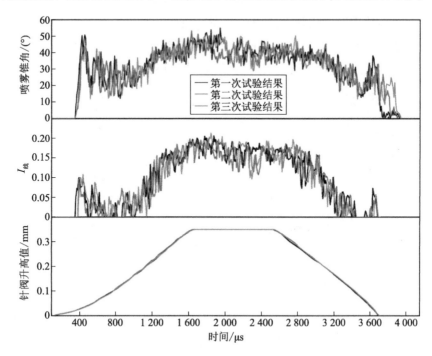

图 2.16　相同喷射条件下的试验重复性(60 MPa)

为了获得喷雾外围的波动特性,将单工况下拍摄得到的图片进行平均计算。如图 2.17 所示,MATLAB 程序将多张图片进行叠加处理后再求得平均图片(见图 2.17a)。简而言之,首先将原始图片上像素点的灰度值(取值范围为 0~255,最大值为白色,最小值为黑色)叠加后与图片总张数(1 000 张)做除法运算,从而求得平均灰度图(见图 2.17b);其次,为了探究近场喷雾在空间上的分布规律,利用灰度图得到伪彩色图(见图 2.17c)。同样地,此方法也可以实现对线空化的平均分布规律的探索,在计算前选取线空化所在区域即可。

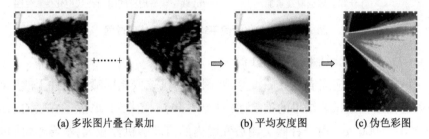

(a) 多张图片叠合累加 (b) 平均灰度图 (c) 伪色彩图

图 2.17 近场喷雾平均分布的后处理过程

2.2.2 喷雾粒径及喷雾宏观特性的联合测量

在可视化定容燃烧弹中使用两台高速数码相机耦合远距离显微镜头和长焦镜头,采用阴影法同步实时捕捉多个喷射循环内宏观和微观喷雾图像,研究其喷雾宏观和微观特征。试验台架如图 2.18 所示。

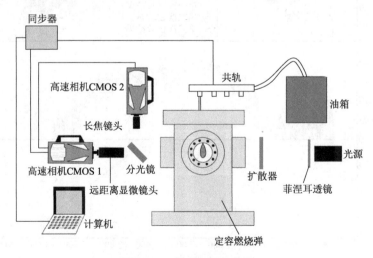

图 2.18 试验台架示意图

　　试验台图像采集系统包括 LED 光源、菲涅尔透镜、扩散器、分光镜、两个镜头及两台高速数码相机。其中,LED 灯的功率为 150 W,为了聚集 LED 灯发出的扩散光,在 LED 灯前放置一块菲涅尔透镜(直径 100 mm,焦距 100 mm)。同时,为了使光线更加均匀,在透镜与视窗之间放置一个扩散器(边长 203 mm,发散角 20°),均匀光线透过喷雾在相机上成像。高速数码相机 1 配备远距离显微镜头用于拍摄喷雾微观喷雾图像,高速数码相机 2 配备长焦镜头用于拍摄宏观喷雾图像。相机 1 和相机 2 垂直布置,借助分光镜达到同步实时测量喷雾宏观和微观的目的。喷油开始前,控制器给喷油系统触发信号控制喷油,同时信号经过同步器传给相机 1,相机 1 得到信号后再将信号输出给相机2 实现喷油器、两台高速相机之间的同步。本试验的环境背压为 3 MPa,燃油喷射压力为 40 MPa,喷油脉宽为 2 200 μs,一次喷油循环相机保存 400 张喷雾图像,一个工况保存 5 个喷油循环的图像。拍摄像机和镜头的具体参数如表 2.10 所示。

表 2.10　相机及镜头参数

参数	相机 1	相机 2
型号	Photron SA-Z	Photron SA-Z
镜头	QM-1	Micro-NIKKOR
镜头光圈	f/89	f/2.8
拍摄速率/(帧·s^{-1})	45 000	36 000
拍摄区域/(mm×mm)	5×5	27.5×54
曝光时间/μs	20.6	0.25

　　测试采用高速阴影法成像技术来获得喷雾宏观和微观特性。阴影法成像的原理是:当光线经过均匀介质时不会发生变化,但当其经过非均匀介质时,光线会发生偏移、折射,由相机记录偏折后的光线得到喷雾图像。本试验采用两台相机同步拍摄,两台相机拍摄喷雾位置的对应关系如图 2.19 所示。首先,以喷嘴为原点建立如图 2.19 所示的坐标轴,其中长焦镜头拍摄的是整个喷雾区域,远距离显微镜头的拍摄范围对应相机 2 中距喷嘴径向距离5 mm、轴向距离 34 mm 处的喷雾边缘位置。远距离显微镜头的拍摄区域为5 mm×5 mm。然后,针对获得的喷雾可视化图像,采用最大间类方差法、霍夫变换、Voronoi PTV 等算法,处理得到喷雾贯穿距、索特平均直径(SMD)、液滴

直径分布、液滴速度等特征参数。

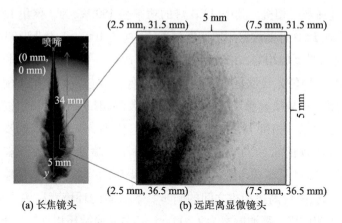

(a) 长焦镜头   (b) 远距离显微镜头

图 2.19　两台相机视窗的相对位置

处理方法包括喷雾宏观处理方法和微观处理方法。宏观处理方法中,首先,将原始图像去除背景再进行二值化处理,得到如图 2.20b 所示的二值图像;其次,取二值图像的喷雾轮廓(见图 2.20c);最后,根据喷雾轮廓处理得到喷雾锥角和喷雾贯穿距。本书将喷嘴到喷雾最远端的距离 L 记为喷雾贯穿距,取距喷嘴 1/2 贯穿距位置处左右边界上的点与喷嘴连线形成的夹角作为喷雾锥角 $\theta_{1/2}$,即

$$\theta_{1/2} = \arctan\left(\frac{k_1 - k_2}{1 + k_1 k_2}\right) \tag{2.7}$$

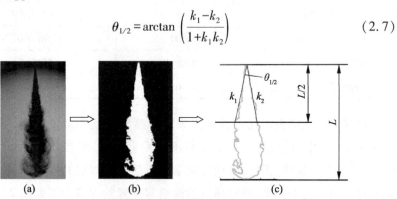

(a)   (b)   (c)

图 2.20　喷雾宏观特性处理过程

同理,在距喷嘴 $L/3$ 和 $2L/3$ 位置处通过计算可得到夹角 $\theta_{1/3}$ 及 $\theta_{2/3}$,计算 3 个夹角的平均值可得到最终的喷雾锥角 θ,即

$$\theta = \frac{\theta_{1/3} + \theta_{1/2} + \theta_{2/3}}{3} \tag{2.8}$$

微观喷雾特性的处理流程如图 2.21 所示。

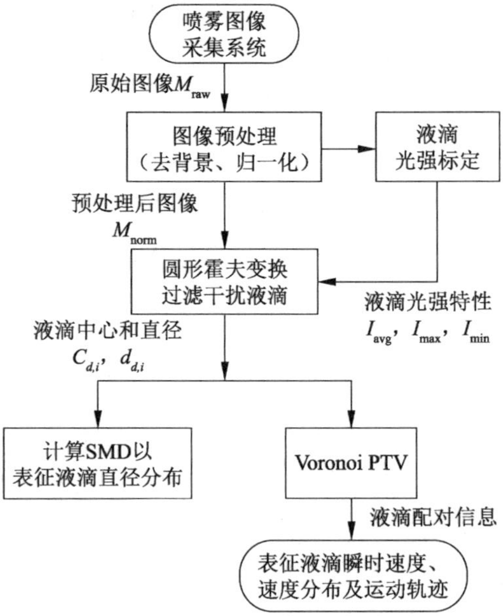

```
                    ┌─────────────┐
                    │  喷雾图像    │
                    │  采集系统    │
                    └─────────────┘
              原始图像 M_raw │
                    ┌─────────────────┐      ┌──────────┐
                    │   图像预处理     │─────▶│  液滴     │
                    │（去背景、归一化）│      │ 光强标定  │
                    └─────────────────┘      └──────────┘
           预处理后图像  │
                M_norm  │
                    ┌─────────────────┐
                    │   圆形霍夫变换    │◀──────
                    │   过滤干扰液滴    │  液滴光强特性
                    └─────────────────┘  I_avg, I_max, I_min
        液滴中心和直径  │
           C_d,i, d_d,i │
            ┌─────────┴─────────┐
   ┌──────────────┐      ┌──────────────┐
   │ 计算SMD以     │      │ Voronoi PTV  │
   │ 表征液滴直径分布│      └──────────────┘
   └──────────────┘       液滴配对信息│
                    ┌──────────────────┐
                    │ 表征液滴瞬时速度、 │
                    │ 速度分布及运动轨迹 │
                    └──────────────────┘
```

图 2.21　微观喷雾特性处理流程图

（1）图像预处理

从拍摄的高速图像 M_{raw} 中选取 10 张背景图像做平均处理获得平均背景图像 M_{bg}，并进一步对 $M_{raw}-M_{bg}$ 做归一化处理获得 M_{norm}。

$$M_{norm} = (M_{raw}-M_{bg})/2^{16} \tag{2.9}$$

式(2.9)右边除以 2^{16} 是因为图像的位深度为 16 bit。

将每个像素点的灰度值转化为 0~1，方便后续操作。

（2）液滴光强标定

从预处理后的图像 M_{norm} 中人工拾取一定数量景深内的单个清晰液滴，统计单个液滴包含像素点的光强平均值 I_{avg}、光强最大值 I_{max} 和光强最小值 I_{min}；进一步统计所有拾取液滴的光强平均值 I_{avg}、光强最大值 I_{max} 和光强最小值 I_{min}。

（3）圆形霍夫变换

喷雾液滴形状大多为圆形或接近圆形，因此，对 M_{norm} 采用基于圆形霍夫变换搜寻图像中的圆形或接近圆形的液滴，以及每个液滴的中心 $C_{d,i}$ 和直径 $d_{d,i}$。为了提高精度，圆形霍夫变换前可对 M_{norm} 进行放大。

霍夫变换求解圆心坐标的步骤可简述如下：

① 根据圆心坐标范围建立一个离散的参数空间。

② 建立一个二维累加器 $N[C_{d(x),i}][C_{d(y),i}]$，并将累加器初始化。

③ 将参数空间内的每一个边界像素点 (x,y) 代入圆方程，若

$$(x-C_{d(x),i})^2+(y-C_{d(y),i})^2-R^2<\delta \qquad (2.10)$$

成立，则相应的累加器 $N[C_{d,ix}][C_{d,iy}]$ 加 1。式(2.10)中，δ 为误差范围。

④ 找出 $N[C_{d,ix}][C_{d,iy}]$ 的极大值，其参数 $[C_{d,ix}][C_{d,iy}]$ 即为所求圆心坐标。

（4）过滤干扰液滴

根据步骤(3)获得的液滴中心和半径，确定每个液滴包含的像素点，计算对应的光强平均值、光强最大值和光强最小值，并根据步骤(3)中标定的 I_{avg}、I_{max} 和 I_{min} 设定相应阈值，过滤掉干扰液滴。在本研究中，当两个液滴发生重合时，只保留小直径液滴。

（5）Voronoi PTV

① 根据步骤(4)获得的液滴中心位置建立泰森多边形，连续两张图片液滴位置和对应的泰森多边形分别用蓝色和红色标识，如图 2.22a 所示；而泰森星是指由目标液滴 $P_{1,i}$ 和它的相邻液滴（$P_{2,1}$，$P_{2,2}$ 和 $P_{2,3}$）所构成的星形结构，如图 2.22b 所示，目标液滴与每个相邻液滴的连线被定义为泰森星的枝干。

② 搜寻候选液滴，计算时刻 1 中目标液滴 $P_{1,i}$ 与时刻 2 中所有液滴之间的欧拉距离，将拥有最短距离的 3 个液滴作为候选液滴，即图 2.22a 中的 $P_{2,1}$，$P_{2,2}$ 和 $P_{2,3}$。

③ 判断最佳配对，泰森星结构在两个相邻时刻是相对稳定的，这一特性被用于判定最佳配对。首先，将目标液滴在时刻 1 中的泰森星与候选液滴在时刻 2 中的泰森星平移、重合；然后，分别计算单个枝干的位移，即目标液滴泰森星的某个枝干端点与最靠近该枝干的候选液滴泰森星枝干端点的距离，再计算泰森星的位移，即所有枝干的平均相对位移。最后，目标液滴与具有最小泰森星位移的候选液滴成为最佳配对。图 2.22 中，液滴 $P_{2,1}$ 与液滴 $P_{1,i}$ 是两张图片中的同一个液滴，通过相邻时刻液滴位移和相机拍摄速率就能还原液滴的运动速度。将以上步骤①~③应用于所有液滴、所有时刻，即可重构喷雾液滴的运动轨迹，分析运动特征。

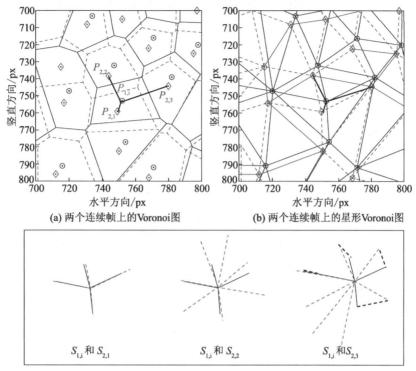

(a) 两个连续帧上的Voronoi图　　(b) 两个连续帧上的星形Voronoi图

$S_{1,i}$ 和 $S_{2,1}$　　　　$S_{1,i}$ 和 $S_{2,2}$　　　　$S_{1,i}$ 和 $S_{2,3}$

(c) 重合的星形Voronoi图

图 2.22　泰森多边形耦合颗粒追踪测速技术原理图

（6）计算 SMD

索特平均直径（sauter mean diameter，SMD）又称当量比表面直径，指将实际液滴换算成具有同等表面积的标准球形粒子的直径。SMD（D_{32}）越小，代表燃油的雾化程度越好，其计算公式为

扫码看彩图 2.22

$$D_{32} = \frac{\sum N_k D_k^3}{\sum N_k D_k^2} \tag{2.11}$$

式中，k 是所考虑的油滴尺寸范围，每一段 k 的范围根据直径的总范围自行给出；N_k 是尺寸范围 k 中的油滴数量；D_k 是尺寸范围内 k 的中间直径。

（7）表征液滴分布

根据步骤（3）中得到的液滴直径，可得到液滴累计分布图以及液滴特征直径。使用最多的特征直径主要有 D_{v10}、D_{v50} 和 D_{v90}，其表示的意义分别为小于该特征直径的液滴总体积占所有液滴总体积的 10%、50% 和 90%。根据特征直径计算液滴分布宽度(Span 值),其计算公式为

$$\text{Span} = (D_{v90} - D_{v10})/D_{v50} \qquad (2.12)$$

分布宽度越接近 0,代表液滴分布越均匀,即喷雾的雾化效果越好。

2.2.3　喷雾液相长度的测量

燃油液相在向前贯穿的同时会发生破碎、雾化、蒸发以及与空气混合,最终达到一个相对稳定的状态,燃油液相末端与喷嘴的最远距离称为喷雾液相长度(liquid length,LL)。采用高频背景光消光法和激光 Mie 散射法两种方法同时测量燃烧条件下的喷雾液相长度,其中高频背景光消光法的应用主要是为了测量碳烟浓度,其测量原理将在碳烟浓度测量中详细介绍,此处值得注意的是,由于喷雾液相对背景光也有一定的吸收作用,所以在测量碳烟浓度的同时也能够得到喷雾液相的发展过程。图 2.23 展示了使用高频背景光消光法去除碳烟辐射光的记录。图 2.23a 所示为高频背景光消光法测得的 KL(K 为空间消光系数,L 为入射光在碳烟内的光学长度)分布云图,图中曲线代表的是 LED 关闭时碳烟的自发辐射光,以此作为边界过滤掉碳烟后得到的液相如图 2.23b 所示。

前人在燃烧条件下喷雾液相长度的测试研究中证明了激光 Mie 散射法能够有效开展燃烧条件下喷雾液相长度的测量。在激光 Mie 散射测试中,使用 532 nm 波长的激光作为光源,因为激光光源的能量强,碳烟在同样 532 nm 波长的辐射光远低于燃油液相的散射光,而后在高速数码相机前使用对应的带通滤光片,采用较小的曝光时间就能获得清晰的数据,这种方法能够非常有效地减少碳烟辐射光的干扰,从而获得较为准确的喷雾液相数据。图 2.24 所示为喷雾液相长度、着火延迟期和火焰浮起长度的同步测量原理图。

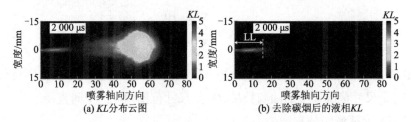

(a) KL 分布云图　　　　(b) 去除碳烟后的液相 KL

图 2.23　用高频背景光消光法去除碳烟辐射光

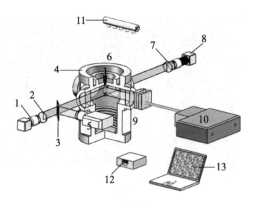

1—CCD 相机；2—532 nm 滤光片；3—50/50 分散片；4—定容燃烧弹；5—高速数码相机；
6—喷嘴；7—(310±10) nm 滤光片；8—ICCD 相机；9—球形和圆柱形透镜；
10—YAG 激光器；11—高压共轨管；12—信号同步器；13—计算机。

图 2.24　着火延迟期、火焰浮起长度及燃烧时液相长度的同步测量原理图

由图 2.24 可知，激光器型号选用 Nd. YAG 激光器，频率为 10 Hz，激光能量为每脉冲 200 mJ。激光束从激光器中发出，通过一系列棱镜转换为宽 60 mm、厚约 1 mm 的片光，然后通过石英视窗直接进入定容燃烧弹的燃烧室并垂直照射在喷雾上。激光照射在燃油液滴上产生的散射光由垂直激光入射方向放置的 CCD 相机进行拍摄，CCD 相机的分辨率为 1 344 px×1 024 px。同时，为了避免碳烟和其他干扰光，相机采用 Nikkor f/2.8 焦距 100 mm 的紫外镜头，另外搭配了一个 532 nm 的带通滤光片，半高宽为 3 nm。为保护相机并减少其他的信号干扰，同时保证相机能够成像清晰，相机的曝光时间应设置为 2.5 μs，光圈设置为 8。

图 2.25 所示为激光 Mie 散射法获得的喷雾液相长度的处理过程。图 2.25a 是 CCD 相机捕捉到的原始图片中以喷嘴位置为基点，截出的尺寸为 40 mm×24 mm 的原始图片；图 2.25b 是经过后处理的图片，首先用 MATLAB 过滤掉噪声，然后用伪彩色的方法表示出喷雾液相图片（图中喷雾液相的边界用曲线表示），最后得到喷嘴与喷雾液相最远端的距离，即喷雾液相长度（LL）。

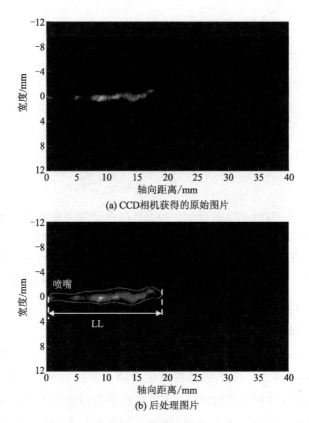

(a) CCD相机获得的原始图片

(b) 后处理图片

图 2.25　喷雾液相长度的处理过程

2.2.4　着火延迟期的测量

在柴油机的压缩冲程末期,活塞到达上止点前,燃油喷入气缸中,经过一系列物理化学变化后开始燃烧。在柴油机的燃烧特性研究中,燃油开始喷射至开始燃烧的这段时间称为着火延迟期。在燃烧的过程中,部分自由基会因从高温环境中吸收能量而跃迁到激发态,这些处于激发态的基团在返回基态的过程中会产生辐射光。因此,可以通过化学发光的开始时刻去确定着火延迟期。

试验中使用宽范围的化学发光技术进行了着火燃烧测试,测试采用的是日本 Photron 公司生产的 FASTCAM SA‑Z 高速数码相机,搭载 Micro‑Nikkor f/2.8 焦距 105 mm 镜头,相机拍摄速率为 60 000 帧/s,分辨率为 896 px×368 px,曝光时间设为 1.25 μs,相机触发模式为随机重置触发。在本试验中,由于相机曝光时间较短,冷态火焰的中间产物辐射很难捕获,所以将辐射光强度超过背景光强度两倍的时刻定义为高温燃烧开始,如图 2.26 所示。因此,试验中的着火延迟期定义为以开始喷油为起点,到辐射光强度超过背景光 2 倍时结束。

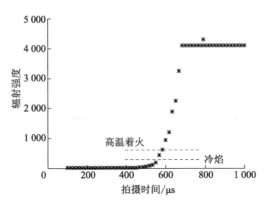

图 2.26　自发火焰辐射光法光强变化图

2.2.5　火焰浮起长度的测量

当燃烧火焰达到稳定时,火焰与喷嘴之间存在一个相对稳定的距离,称为火焰浮起长度(lifted-off length,LOL)。Dennis Siebers 和 Brain Higgins 在定容燃烧弹中使用激光诱导荧光法获得了火焰燃烧图,试验分析表明火焰浮起长度对空气卷吸量有一定的影响,从而改变燃油当量比,影响后续碳烟的生成。由此可见,火焰浮起长度也是燃烧特性研究中的一个重要参数。

由于定容燃烧弹中的燃烧过程具有一定的循环波动,为了减少试验误差,同时又能分析火焰浮起长度与喷雾液相之间的相互作用,并细化燃料理化特性对燃油着火特性的影响,本书提出了燃烧条件下火焰浮起长度、喷雾液相长度及着火延迟期同步测量和分析的思路。

柴油机燃烧火焰内部会发生剧烈的高温反应,并且对于柴油机喷雾燃烧,在火焰浮起长度附近区域,主要以当量比或近似当量比的燃烧方式进行。对于当量比燃烧火焰的荧光辐射,其最主要的组分是 310 nm 左右的 OH^* 化学荧光,OH^* 荧光可以很好地反应火焰的结构,所以 OH^* 被认为是测量火焰浮起长度最为有效的介质。拍摄瞬时 OH^* 荧光的装置是 ICCD 相机搭配 Cerco 公司的焦距 100 mm、光圈 f/2.8 的 UV 镜头,门宽设为 1 ms,并且为了拍摄时火焰浮起长度达到稳定,一般将相机曝光时刻设置为开始于喷油结束前 1 ms。OH 基化学荧光辐射波长峰值为 309 nm,为了避免燃烧火焰杂光信号对 OH^* 荧光的干扰,在 ICCD 相机前装有中心波长为 310 nm、半高宽为 10 nm

的带通滤光片。为了能够同步测量火焰浮起长度和喷雾液相长度,一个截止(cut-off)波长为 450 nm 的二向色分光镜布置在 CCD 相机和 ICCD 相机的正交点上,该分光镜能在反射紫外光的同时使可见光透过。

火焰浮起长度的处理过程如图 2.27 所示。图 2.27a 是 ICCD 相机捕捉到的原始图片中以喷嘴位置为基点,截出的尺寸为 60 mm×40 mm 的原始图片,图 2.27b 是原始图片去除噪声后的图片;为了更为准确地确定火焰浮起长度,将相机采集的原始图片用喷雾轴线分成左右两部分(在图 2.27a,b 中表现为上下两部分)。图 2.27c 是使用伪彩色显示的图片。图 2.27d 是通过 MAT-LAB 软件处理的 OH 基的荧光强度随轴向分布的曲线,首先从喷嘴处至图像最右端找出第一个荧光强度峰值,确定其 50% 的荧光强度像素位置,并测出该像素点与喷嘴之间的轴向距离,依次记为 Top LOL、Bottom LOL,然后将这两个轴向距离求取平均值,最后得到火焰浮起长度(LOL)。

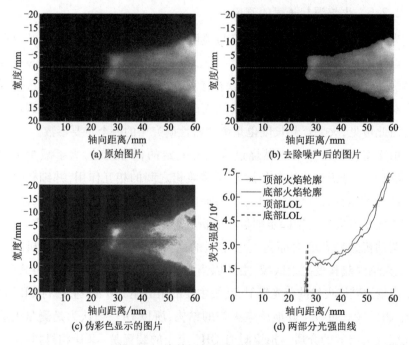

图 2.27 火焰浮起长度的处理过程

2.2.6 碳烟浓度的测量

(1) 消光法

本书中碳烟浓度的测量方法为高频背景光消光法。碳烟浓度测量光路设置如图 2.28 所示,整个光路以喷油器为中心在定容燃烧弹外围对称布置光源系统和图像接收系统。其中,光源系统由高频脉冲 LED 灯(频率可达 30 kHz)、菲涅尔透镜(直径 100 mm,焦距 72 mm)和工程散射片(边长 203 mm,发散角 20°)组成。为减少光强损失,散射片尽可能靠近定容燃烧弹视窗放置,菲涅尔透镜放置在散射片和 LED 光源之间,并保持菲涅尔透镜和 LED 光源两者之间的距离始终为菲涅尔透镜的焦距长度,然后将两者向后挪动逐渐远离散射片,直至相机上出现的光斑面积达到最大;同时,确保穿过视窗的光是发散的,以减少纹影效应。

图像采集系统由凸透镜(直径 150 mm,焦距 600 mm)、450 nm 带通滤光片(半带宽 10 nm)和高速数码相机(Photron SA-Z)组成,镜头为直径 105 mm 的尼康变焦镜头(最大光圈 2.8)。凸透镜同样靠近视窗放置以减少发散光的光强损失,同时也可以增大相机拍摄图片的像素密度,在凸透镜一倍焦距点位置处放置高速数码相机。Skeen 等研究发现,当光源波长不同时,试验得到的碳烟体积分数也会有所区别,且碳烟强度分布会随着波长的增加而增加。为减少杂光的干扰,需在相机前添加滤光片。图 2.29 是 LED 光源的光谱检测结果。从图中可以发现,光谱强度在 440 nm 处有一个波长范围很窄的强峰,而碳烟自身辐射最强的波长为 450 nm。因此,本书选择相对最为接近的中心波长 450 nm 的带通滤光片。

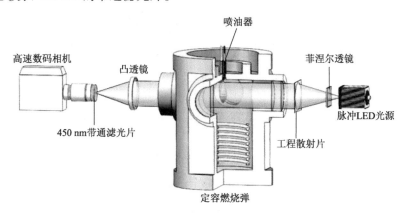

图 2.28　碳烟浓度测量光路设置示意图

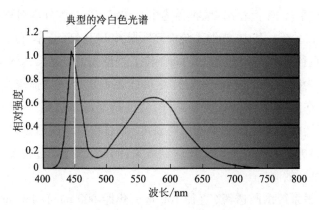

图 2.29　脉冲 LED 光谱图

试验中高速数码相机的拍摄速率为 60 000 帧/s,LED 光源频率设置为相机的一半,这样相机在 LED 光源开启时捕捉到 LED 透射光和碳烟自发辐射光,在 LED 光源关闭时获得碳烟自发辐射光。高速数码相机和 LED 光源的脉冲时序图如图 2.30 所示。图中,高速数码相机的曝光时间为 1.25 μs,分辨率为 896 px×368 px。

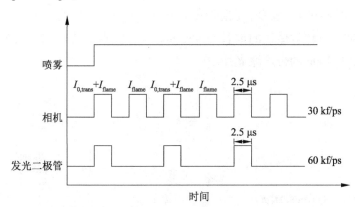

图 2.30　高速相机和脉冲 LED 时序图

基于 Beer-Lambert(比尔-朗伯)定律,高频背景光消光测试用于得到表征碳烟浓度的 KL 值,计算公式如下所示:

$$\frac{I_{sum}-I_f}{I_0}=\exp(-KL) \tag{2.13}$$

式中,I_{sum} 表示入射光源穿透碳烟后的光强 $I_{0,trans}$ 与碳烟自身辐射光强度 I_{flame} 的总和;I_f 表示 LED 光源熄灭时碳烟自身的辐射强度;I_0 表示 LED 灯的入射光强;K 表示空间消光系数;L 表示入射光在碳烟内的光学长度。其中,局部消光系数 k 和碳烟体积分数正相关,表达式为

$$f_V = \frac{\lambda \cdot k}{k_e} \tag{2.14}$$

式中,f_V 表示碳烟体积分数;λ 表示入射光的波长,即本书中的 450 nm;k_e 为无量纲消光系数,依据 Rayleigh-Debye-Gans(RGB)理论和 Niculescu 等的研究,本书中 k_e 值选取 7.61。碳烟体积分数乘以密度即可获得碳烟质量,假设碳烟密度 ρ 为 1.8 g/cm^3,则视窗内所有像素点的碳烟质量 m_{soot} 可以由式(2.15)求得,即

$$m_{soot} = \rho K L \frac{\lambda}{k_e} \times \text{pixel area} \tag{2.15}$$

图 2.31a 给出了基于 Beer-Lambert 定律计算得到的碳烟浓度分布云图。由图可以看出,喷嘴位于纵坐标 0 刻度处,由于喷雾液相也会吸收光,从左向右首先出现喷雾液相,随后出现碳烟,图中用颜色的深浅表示吸光作用的强弱。图 2.31b 则给出了喷嘴轴线上的碳烟 KL 值在喷雾轴向的发展曲线。图中,KL_{sat} 值表示理论上可以得到的 KL 最大值,计算公式如下:

$$\frac{I_{min}}{I_0} = \exp(-KL_{sat}) \tag{2.16}$$

式中,I_{min} 表示当 LED 光源熄灭时,穿透碳烟的最小光强。也就是说,当 KL 曲线超过限定值 KL_{sat} 时,即可认为入射光无法穿透碳烟颗粒。

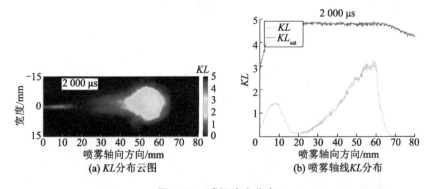

(a) KL 分布云图　　　　(b) 喷雾轴线 KL 分布

图 2.31　碳烟浓度分布

由图 2.31 可以看出,喷雾轴线上的 KL 值出现了两个峰值,对比 KL 分布云图可以发现 KL 第一段对应的喷雾液相,由于喷雾液相对光也有吸收作用,

所以 Beer-Lambert 定律同样适用,通过这种方法也可进行燃烧条件下喷雾液相长度的测量试验。而在本节的碳烟试验中,将通过碳烟自发辐射光作为边界过滤掉液相信号,其具体过程如图 2.32 所示。图 2.32a 是在 LED 灯关闭的情况下碳烟的自发辐射光,图 2.32b 是基于 Beer-Lmbert 定律计算获得的 KL 分布云图,包括喷雾液相和碳烟两部分。图 2.32c 是用 MATLAB 软件将图 2.32a 中的碳烟提取出来,并将其作为边界过滤喷雾液相的碳烟信号边缘,其边界在图中以曲线表示。图 2.32d 是过滤掉喷雾液相的碳烟 KL 值。

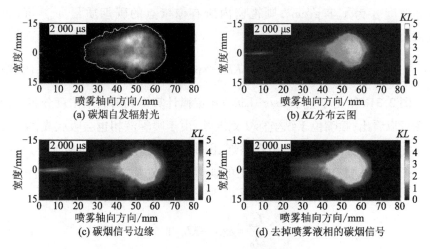

图 2.32　KL 信号中去除喷雾液相的过程

（2）碳烟辐射光直接成像法

基于火焰自发光,本书使用高速数码相机可以直接拍摄捕捉到火焰燃烧的图像,即在图 2.28 所示的试验光路系统中只保留高速数码相机,拍摄速率为 60 000 帧/s,进行 10 次重复试验,每次拍摄 400 张图片。高速数码相机捕捉的图片如图 2.33a 所示,因为燃烧过程中的辐射光主要来自碳烟,所以这种方法可用于碳烟生成特性的定性分析。

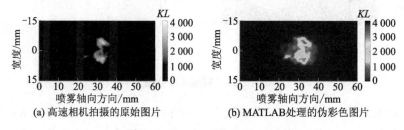

图 2.33　碳烟辐射光直接成像测量图例

图 2.33b 所示是燃烧过程中某一时刻的碳烟辐射光,为了能够更为直观地观察分析整个燃烧过程,在后处理时将每一个时刻所获得的图片,沿喷雾径向将碳烟辐射强度进行积分,得到碳烟辐射强度随喷雾轴向发展的一维分布,此时将时间作为横坐标,喷雾轴向距离作为纵坐标可绘制出碳烟辐射强度随喷雾轴向和时间的二维分布,即 IXT((intensity-axial-time)图)。G50H50混合燃油在喷射压力 80 MPa,环境温度 850 K,氧质量分数 15%,环境压力5 MPa 下的 IXT 图如图 2.34 所示。图中,碳烟的初始时刻和初始位置分别用实线、虚线表示。由于碳烟伴随着燃烧产生,所以这种方法也可以非常直观地分析燃烧始点、燃烧持续期等燃烧特性,在燃烧和碳烟联合分析上体现出优势。

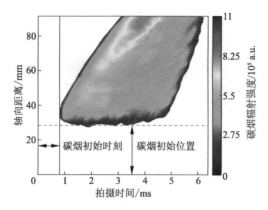

图 2.34　G50H50 混合燃油的 IXT 图

（3）双色法

在燃烧系统中,碳烟生成后被加热到较高温度,发出明亮的宽频辐射光信号,通过选择宽频辐射光谱中 2 个不同波长的信号,利用碳烟颗粒的单色黑度与辐射光波长、碳烟吸收系数及碳烟温度的对应关系,联立 2 个不同波长辐射光的单色黑度,消除未知的碳烟吸收系数的影响,获得碳烟温度。

双色法中,使用了两台 Photron 高速相机、两个带通滤波片和一个分光镜。光路布置上,燃烧室的火焰光通过透明活塞后经 45°反光镜反射,再被分光镜分为光强比例各为 50%的反射光和透射光,两束光分别被加载了 550 nm和 660 nm 带通滤波片的高速相机摄录,如图 2.35 所示。两台相机在每次试验前都需标定图像中心位置,从而确保两台相机获取图像的重合度,以便后续双色法处理,如图 2.36 所示。

图 2.35　双色法台架

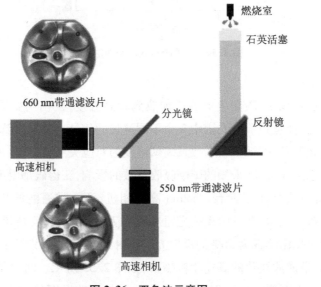

图 2.36　双色法示意图

　　在试验处理时,两台相机预先在黑体炉进行标定,获得两台相机图像灰度值与温度的比例关系。两台相机获得的图像进行平移和旋转微调后重合,运用此比例关系可以插值计算出两台相机图像中相同位置的两个像素点对应各自亮度的温度 T_{a1} 和 T_{a2},再通过式(2.17)进行牛顿迭代可以获得此像素点的真实温度 T,代入式(2.18)中,进而获得此点的 KL 因子的解大部分都处于理论正确求解区间($EZ=1$),有小部分由 550 nm 与 660 nm 相机图像的重合不佳导致的温度较高区域,整体结果较好,如图 2.37 所示。双色法测温过程如图 2.38 所示。

$$\left\{1-\exp\left[-\frac{C_2}{\lambda_1}\left(\frac{1}{T_{a1}}-\frac{1}{T}\right)\right]\right\}^{\lambda_1^{\alpha}}=\left\{1-\exp\left[-\frac{C_2}{\lambda_2}\left(\frac{1}{T_{a2}}-\frac{1}{T}\right)\right]\right\}^{\lambda_2^{\alpha}} \tag{2.17}$$

$$KL=-\lambda^{\alpha}\ln\left\{1-\exp\left[-\frac{C_2}{\lambda}\left(\frac{1}{T_a}-\frac{1}{T}\right)\right]\right\} \tag{2.18}$$

式中,C_2 为盖朗克第二常数;λ 为物体辐射的波长;λ_1,λ_2 为选定的两个波长。

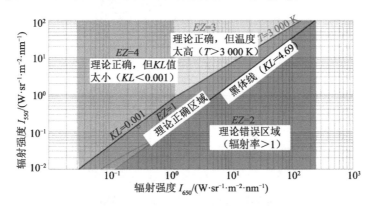

图 2.37　不同波长碳烟辐射强度

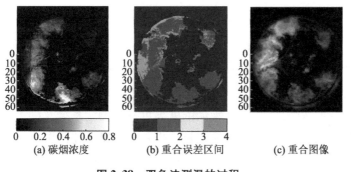

(a) 碳烟浓度　　　　(b) 重合误差区间　　　　(c) 重合图像

图 2.38　双色法测温的过程

扫码看彩图 2.37
和彩图 2.38

2.2.7 发动机燃烧及排放测量

在规定试验循环的每个工况中,从经过预热的发动机排气中直接取样,并连续测量。在每个工况运行中,测量每种气态污染物的体积分数、发动机的排气流量和输出功率,并将测量值进行加权。欧洲稳态测试循环(European steady state cycle,ESC)包含 13 个工况点,如图 2.39 所示。发动机必须按照每个工况所规定的时间运转,最初 20 s 用于完成转速和负荷的转换。每个工况中规定的转速应保持在 $-50\sim50$ r/min 范围内,规定的扭矩应保持在该试验转速下最大扭矩的 ±2% 范围内。其中,试验中 A,B 和 C 所对应的转速分别为 1 609 r/min,1 907 r/min 和 2 205 r/min。

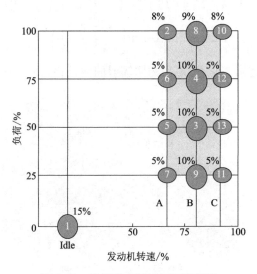

图 2.39 欧洲稳态测试循环原理图

2.3 本章小结

本章主要介绍了加氢催化生物柴油喷嘴的内流、喷雾燃烧及性能测试平台(包括 3 个光学测试平台和 1 个发动机性能测试平台),介绍了空化强度、液相长度、着火延迟期、火焰浮起长度、碳烟浓度等可视化测量系统及测量方法,详细介绍了开发的长焦高速阴影成像和长工作距离显微高速阴影成像联合测量喷雾宏观与微观特性同步测量技术,为后续研究工作的数据分析奠定了基础。

第3章 加氢催化生物柴油/柴油喷雾燃烧及排放特性

本章主要研究加氢催化生物柴油掺混于柴油后的喷雾、着火、燃烧、碳烟及发动机排放和油耗特性。从研究结果可以发现,其着火、燃烧、排放及油耗特性相较于纯柴油都有很大的改善,从基础理论和应用两方面论证了加氢催化生物柴油能用于发动机。

3.1 试验燃油及研究方案

3.1.1 基础燃油理化特性

表 3.1 为加氢催化生物柴油、脂肪酸甲酯生物柴油和国 Ⅵ 柴油的理化特性对比。从表 3.1 中可以看出,加氢催化生物柴油的燃油密度、芳烃含量、酸度、硫磷成分含量都低于柴油,而加氢催化生物柴油的低热值高于国 Ⅵ 柴油,这说明加氢催化生物柴油具有更好的稳定性。与国 Ⅵ 柴油相比,脂肪酸甲酯生物国 Ⅵ 柴油具有较大的密度、黏度,但热值相对较低。而加氢催化生物柴油的直链饱和烷烃结构使其具有突出的高活性。与国 Ⅵ 柴油相比,加氢催化生物柴油具有较高的十六烷值和低热值,但同样具有较高的冷凝点。与脂肪酸甲酯生物柴油相比,加氢催化生物柴油具有更高的活性和低热值,更易着火且油耗更低。

表 3.1 加氢催化生物柴油、脂肪酸甲酯生物柴油和国 Ⅵ 柴油的理化特性对比

燃油理化特性	加氢催化生物柴油	脂肪酸甲酯生物柴油	国 Ⅵ 柴油
密度/(kg·m^{-3})	781.6	876	830
十六烷值	90	59.3	49
动力黏度/(mPa·s)	3.172	6.945(20 ℃)	3.6
硫含量/(mg·kg^{-1})	<0.008	7.805	<10
低热值/(MJ·kg^{-1})	44	36.7	38

燃油理化特性	加氢催化生物柴油	脂肪酸甲酯生物柴油	国Ⅵ柴油
多环芳香烃/%	0	—	4
氧化安定性/($mg \cdot 10^{-2}\ mL^{-1}$)	0.1	0.1	2.5
酸度/($mg\ KOH \cdot 10^{-2}\ mL^{-1}$)	0	5.843	7
灰分/%	0.008	0.001	0.01
冷凝点/℃	18	15	4
闪点/℃	140	—	55
馏程（95%）/℃	365	342	329
10%蒸余物残炭/%	0.03	0.03	0.03
闪点（闭口）/℃	140		55
铜片腐蚀(50 ℃,3 h)/级	>1 a	>1 a	>1 a
正构烷烃体积分数/%	80.65	0	36.98
异构烷烃体积分数/%	8.92	0	23.3

本书采用 GC-MS 分析方法研究燃油的化学成分,对脂肪酸甲酯生物柴油、加氢催化生物柴油和国Ⅵ柴油的燃油气相色谱进行测量。图 3.1 是脂肪酸甲酯生物柴油、加氢催化生物柴油和国Ⅵ柴油的质谱法结果。由图 3.1a 可知,脂肪酸甲酯生物柴油主要由十八碳烯酸甲酯、十八碳二烯酸甲酯和十六碳酸甲酯组成,其碳数集中在 C16~C18。由图 3.1b 可知,加氢催化生物柴油的主要成分为正构烷烃和异构烷烃,其碳数主要集中在 C15~C18。由图 3.1c 可知,国Ⅵ柴油的主要成分是正构烷烃、异构烷烃、芳香烃及环烷烃。本书通过对图 3.1 中柴油的组分进行分析,得到其分子性质,如表 3.2 所示。由表 3.2 可知,脂肪酸甲酯生物柴油的平均分子量最大,H/C 比值最低,具有显著的结构特点,即分子量大,含 C═C 和 C═O 官能团,含氧。

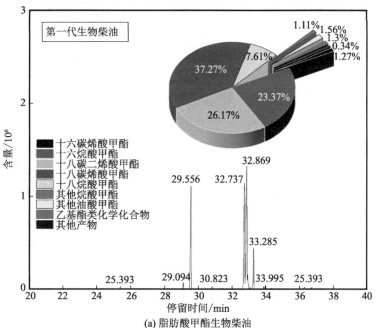

(a) 脂肪酸甲酯生物柴油

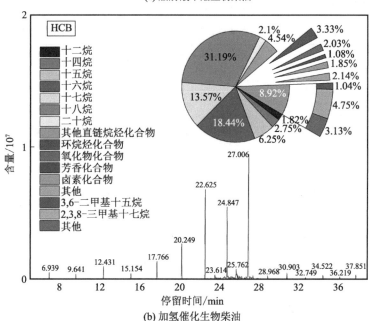

(b) 加氢催化生物柴油

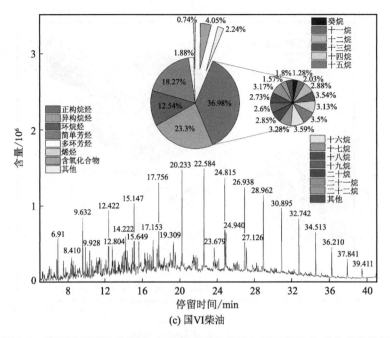

(c) 国VI柴油

图3.1 脂肪酸甲酯生物柴油、加氢催化生物柴油和国VI柴油的GC-MS结果

表3.2 脂肪酸甲酯生物柴油、加氢催化生物柴油和柴油分子性质对比

分子性质	国VI柴油				脂肪酸甲酯生物柴油			加氢催化生物柴油	
主要成分	正构烷烃	异构烷烃	芳香烃	环烷烃	十八碳烯酸甲酯	十八碳二烯酸甲酯	十六碳酸甲酯	正构烷烃	异构烷烃
占比/%	36.98	23.30	20.15	12.54	37.270	26.174	23.369	80.65	8.92
平均分子式	$C_{14.35}H_{28.02}$				$C_{18.5}H_{35.1}O_2$			$C_{16.9}H_{35.8}$	
平均分子量	200.22				289.54			238.84	
H/C	1.953				1.897			2.118	

此外,从图3.1中可知,加氢催化生物柴油中正构烷烃占比达94%,异构烷烃占比为2.44%,FAME 98%为脂肪酸甲酯。脂肪酸甲酯生物柴油的主要成分为脂肪酸甲酯,占比在98%以上,碳数主要集中在C17和C19,占比由高到低依次为十八碳烯酸甲酯(37.27%)、十八碳二烯酸甲酯(26.17%)和十六碳酸甲酯(23.37%)(未考虑顺式/反式及双键位置)。FAME生物柴油和HCB的成分存在差异主要是因为两者的生产工艺不同,FAME生物柴油由动

植物油及废弃油脂经甲醇的酯交换工艺生产,HCB 则由加氢工艺生产,所以两者在结构上的差异体现在甲酯基和不饱和双键上。以两者最典型物质——正十八烷和反式 9-十八碳烯酸甲酯为例,如图 3.2 所示。两种燃油中 4 种主要物质的部分物性如表 3.3 所示,结合表 3.1 可知,燃油的物性均与其主要成分相近。

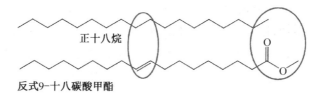

正十八烷

反式9-十八碳酸甲酯

图 3.2　正十八烷和反式 9-十八碳烯酸甲酯的结构差异

表 3.3　正十八烷和反式 9-十八碳烯酸甲酯部分物质的物性

理化性质	正十六烷	正十八烷	反式 9-十八碳烯酸甲酯	反式 9,12-十八碳二烯酸甲酯
分子式	$C_{16}H_{34}$	$C_{18}H_{38}$	$C_{19}H_{36}O_2$	$C_{19}H_{34}O_2$
熔点/℃	18	28.2	10	−36.6
沸点/℃	286.6	316.1	220	169
闪点/℃	135	165	−3	96.9
密度(20 ℃)/ $(g \cdot cm^{-3})$	0.774	0.78	0.871	0.889

3.1.2　混合燃油理化特性

本研究中的试验燃料通过国Ⅵ柴油与脂肪酸甲酯生物柴油、国Ⅵ柴油与加氢催化生物柴油按体积比掺混得到混合燃油。试验用混合燃油命名规则为 Dm,$DmBn$,$DmHn$,其中 D 代表柴油,B 代表脂肪酸甲酯生物柴油,H 代表加氢催化生物柴油,m 和 n 代表燃油掺混体积百分数。例如,D95B5 表示柴油体积分数为 95%,脂肪酸甲酯生物柴油体积分数为 5%, D95H5 表示柴油体积分数为 95%,加氢催化生物柴油体积分数为 5%。混合燃油的体积掺混配比见表 3.4。试验所用的混合燃油的理化特性见表 3.5。从表 3.5 中可知,混合燃油十六烷值分别随 HCB 和 Biodiesel 掺混比例的增加而增加,且柴油和 HCB 混合燃油十六烷值要高于柴油和 Bidiesel 混合燃油。这说明高活性的 HCB 和脂肪酸甲酯生物柴油的掺混提高了柴油的活性,使柴油更容易着火。

混合燃油中芳烃含量随 HCB 和 Biodiesel 掺混比例的增加而减小,其中在同样掺混比例下柴油和 HCB 混合燃油芳烃含量要少于柴油和 Biodiesel 混合燃油。由于 HCB 本身不含有芳烃类物质,掺混后的混合燃油的芳烃含量减少,有助于混合燃料的燃烧性能变好。从十六烷值和芳烃含量来看,掺混 HCB 的混合燃料的点火性能和燃烧性能优于掺混脂肪酸甲酯生物柴油的混合燃料。混合燃油的密度和黏度分别随 HCB 掺混比例的增加而减小,但随 Biodiesel 掺混比例的增加而增加,这表明柴油中掺混 HCB 具有更小的初始动量和更好的雾化。混合燃料中 50% 蒸馏温度随 HCB 或 Biodiesel 掺混比例的增加而增加,表明混合燃料的平均蒸发性越差,其中 Diesel/HCB 混合燃料的平均蒸发性优于 Diesel/Biodiesel 混合燃料。混合燃料中 95% 蒸馏温度随着 HCB 或 Biodiesel 掺混比例的增加而增加,表明混合燃料的重馏组分多,其中 Diesel/HCB 混合燃料的重馏组分多于 Diesel/Biodiesel 混合燃料。混合燃料中随 HCB 掺混比例的增加,Diesel/HCB 混合燃料的硫含量减少,而脂肪酸甲酯生物柴油呈现相反趋势,说明 Diesel/Biodiesel 混合燃料排气颗粒中硫酸盐含量多,即颗粒排放高。混合燃料中随 HCB(Biodiesel)掺混比例的增加,Diesel/HCB(Diesel/Biodiesel)混合燃料的低热值增大。

表 3.4 混合燃油体积掺混配比

混合燃油	B0, D100	B5, D95B5	B10, D90B10	B20, D80B20	H5, D95H5	H10, D90H10	H20, D80H20
体积比/%	0	5	10	20	5	10	20
国Ⅵ柴油/L	50	47.5	45	40	47.5	45	40
脂肪酸甲酯生物柴油/L	0	2.5	5	10	0	0	0
加氢催化生物柴油/L	0	0	0	0	2.5	5	10

表 3.5 混合燃油的理化特性

物性	方法	D100	D95B5	D90B10	D80B20	D95H5	D90H10	D80H20
十六烷值	GB/T 386	54.4	54.6	55.4	55.8	55.8	58.2	61.0
芳烃/%	EN 1919	28.1	27.6	25.1	23.9	27.1	24.2	22.9

物性	方法	D100	D95B5	D90B10	D80B20	D95H5	D90H10	D80H20
低热值/ $(MJ \cdot kg^{-1})$	GB/T 384	42.540	42.739	42.094	42.156	42.660	42.704	42.727
密度 (20 ℃)/ $(kg \cdot m^{-3})$	GB/T 1884	843.4	843.8	844.7	847.9	840.9	838.5	831.5
硫含量/ $(mg \cdot kg^{-1})$	SH/T 0689	3.8	3.9	4.1	5.0	3.5	3.4	2.8
馏程 (50%)/℃	GB/T 6536	280.1	279.7	287.4	287.0	280.5	282.9	284.2
馏程 (95%)/℃	GB/T 6536	346.8	346.6	346.8	347.3	350.1	358.3	358.8

　　表 3.6 为 B5 自配柴油、上海 B5 自配柴油、H5 和 H10 生物柴油的理化特性对比。其中,B5 自配柴油采用 5%脂肪酸甲酯生物柴油掺混 95%国 Ⅵ 柴油配制,上海 B5 自配柴油为从上海加油站购买的含 5%脂肪酸甲酯生物柴油的燃油,H5 生物柴油采用 5%加氢催化生物柴油掺混 95%国 Ⅵ 柴油配制,H10 生物柴油采用 10%加氢催化生物柴油掺混 90%国 Ⅵ 柴油配制。从表 3.6 中可知,上海 B5 自配柴油的机械杂质较高,而其余燃油都不含机械杂质。H5 和 H10 生物柴油大部分指标都达到了国 Ⅵ 柴油标准,只有 H5 生物柴油的密度未达到国 Ⅵ 柴油标准,其中 H5 和 H10 生物柴油在氧化安定性、闪点、酸度等方面要远远高于国 Ⅵ 标准,说明掺混加氢催化生物柴油后的混合燃油腐蚀性更弱,常温下更安全且更稳定。对比 B5 自配柴油和上海 B5 自配柴油两种燃油发现,B5 自配柴油的多环芳烃的质量分数高于上海 B5 自配柴油,说明上海 B5 自配柴油在多环芳烃的质量分数方面做了相关处理。通过上述燃油理化特性分析可知,H5 和 H10 生物柴油基本满足了国 Ⅵ 柴油标准,可以直接应用到柴油机上。

表 3.6　上海 B5 自配柴油、H5 生物柴油和 H10 生物柴油检测数据对比

检测项目	柴油(国Ⅴ)	B5自配柴油	上海B5自配柴油	H5混合燃油	H10混合燃油	HCB	国Ⅴ柴油标准	国Ⅵ柴油标准
密度(20 ℃)/(kg·m⁻³)	826.9	829.8	830.0	835.6	832.8	781.6	810~850	824~834
运动黏度(20 ℃)/(mm²·s⁻¹)	3.259	3.574	4.866	5.467	5.072	6.08	3.0~8.0	2.0~7.5
铜片腐蚀(50 ℃,3 h)/级	4b	4c	1a	1a	1a	1	1	1
闪点(闭口,不低于)/℃	62.5	56.5	75.5	71.5	73.5	140	55	55
凝点(不高于)/℃	-6	-6	-10	-7	-6	14	0	0
冷滤点(不高于)/℃	-2	-3	-5	-5	-6	18	4	-10
水质量分数(不大于)/%	痕迹	痕迹	痕迹	痕迹	痕迹	痕迹	痕迹	痕迹
机械杂质/%	无	无	无	无	无	无	无	无
灰分(质量分数,不大于)/%	0.003 6	0.003 1	0.003 5	0.002 5	0.002 7	0	0.01	0.01
十六烷指数(不小于)	51	52	54	54	56	98.2	46	47
50%回收温度(不高于)/℃	252.5	262.5	273.5	283.0	287.0	303	300	300
90%回收温度(不高于)/℃	327.5	336.5	335.0	335.5	336.5	315	355	335
95%回收温度(不高于)/℃	339.0	348.0	349.0	350.5	350.5	329	365	350
10%残炭(不大于)/%	0.10	0.10	0.10	0.10	0.10	0.3	0.3	0.3
多环芳烃质量分数(不大于)/%	8.03	9.73	3.01	2.41	2.25	0	11	4
硫质量分数(不大于)/%	248	406	8	8	8	4.3	10	10
酸度(不大于)/(mg·10⁻²mL⁻¹)	3.04	8.67	4.97	3.58	2.78	0	7	7
氧化安定性(不大于)/(mg·10⁻²mL⁻¹)	0.83	0.89	0.91	0.86	0.72	0.1	2.5	2.5

3.2　试验条件

3.2.1　试验方案

由于加氢催化生物柴油的十六烷值非常高(接近 100),按照现行的国 V 柴油标准,无法将其直接使用到柴油机上,基于前期的研究,本书将加氢催化生物柴油与国 V 柴油按照质量比 1∶1 进行掺混,同时使用国 V 柴油作为对比燃料,具体方案见表 3.7。以氧质量分数 15%、环境温度 870 K、喷油压力 100 MPa 为基准工况,保持环境密度为 20 kg/m³ 不变,依次改变氧质量分数、环境温度和喷油压力研究不同工况下加氢催化生物柴油的碳烟生成特性,同步使用 OH 化学发光法测量同一束喷雾燃烧的火焰浮起长度,喷油持续期为 3.5 ms,喷嘴孔径为 0.18 mm。为了方便描述,此处将不同工况进行了简写,如表 3.7 中第一列所示。

表 3.7　加氢催化生物柴油燃烧火焰中碳烟生成定量测试试验方案

工况	$w(O_2)/\%$	喷油压力 $P_{喷}/\text{MPa}$	环境温度 T_a/K
LT (低环境温度)	15	100	770
MT (中环境温度)	15	100	820
BA (基准工况)	15	100	870
HI (高喷油压力)	15	150	870
MO (中氧质量分数)	18	100	870
HO (高氧质量分数)	21	100	870

3.2.2　多次喷射策略试验方案

通过电子控制单元(ECU)控制喷油压力为 150 MPa,固定预喷、主喷和后喷的喷射时刻,改变其中早喷时刻,探究早喷时刻多次喷射策略对发动机燃烧排放的影响。多次喷射策略试验方案如图 3.3 所示。

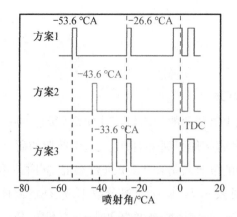

图 3.3   多次喷射策略试验方案

3.3   加氢催化生物柴油/柴油喷雾燃烧特性研究

3.3.1   喷雾特性

图 3.4 为加氢催化生物柴油与柴油在不同喷射压力下的液相贯穿距对比分析图。从图 3.4 中可以看出,加氢催化生物柴油的液相贯穿距要稍小于柴油,这主要是因为加氢催化生物柴油的密度和馏程温度要低于柴油,该现象说明加氢催化生物柴油可以大比例应用于发动机中而不会发生喷雾撞壁现象。图 3.5 从定量的角度更加直观地对比了加氢催化生物柴油与柴油在液相贯穿距上的异同。从图 3.5 中可以发现,在所有工况下,加氢催化生物柴油的液相贯穿距都小于柴油,且随着环境温度的升高,氧的质量分数及环境背压也增大,液相贯穿距则逐渐减小。

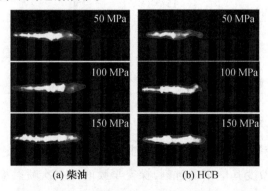

(a) 柴油   (b) HCB

图 3.4   加氢催化生物柴油与柴油在不同喷射压力下的液相贯穿距

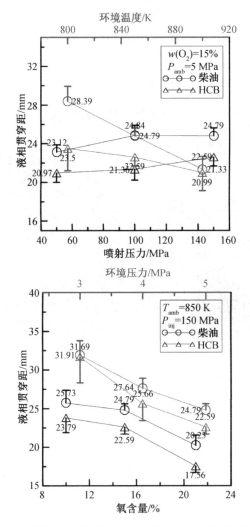

图 3.5　加氢催化生物柴油与柴油在不同环境条件下的液相贯穿距

3.3.2　燃烧特性

图 3.6 为加氢催化生物柴油与柴油在喷射压力为 150 MPa、环境温度为 900 K、环境背压为 5 MPa、氧质量分数为 15%时的着火燃烧过程对比样例图。由图 3.6 可以发现,加氢催化生物柴油的着火延迟期要早于柴油,这主要是由于加氢催化生物柴油的十六烷值要远大于柴油,但是对比还发现,虽然加氢催化生物柴油的十六烷值比柴油大 2 倍多,但是加氢催化生物柴油的着火延迟期仅比柴油短 2.8%左右,该现象说明十六烷值的大小与着火延迟期的长

短并不呈比例关系。图 3.7 为加氢催化生物柴油与柴油的着火延迟期与燃烧持续期分别在不同环境条件下的对比分析图。从图 3.7 中可以发现,加氢催化生物柴油的着火延迟期要短于柴油,而燃烧持续期长于柴油,这主要是因为加氢催化生物柴油的火焰传播速率较慢。

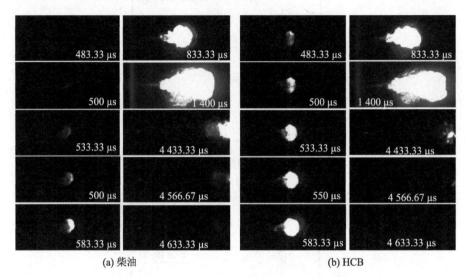

(a) 柴油 (b) HCB

图 3.6 加氢催化生物柴油与柴油的着火燃烧过程样例图

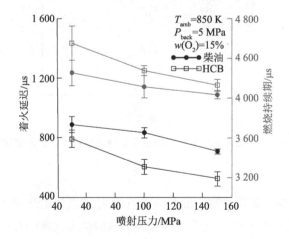

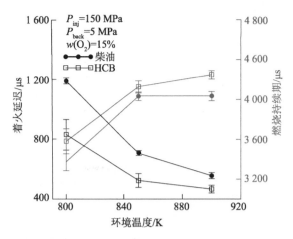

图 3.7　加氢催化生物柴油与柴油的着火与燃烧特性

图 3.8 所示为加氢催化生物柴油和柴油火焰浮起长度与液相长度之间的关系。从图 3.8 中可以发现,加氢催化生物柴油和柴油的火焰浮起长度与液相长度差值有着相似的发展趋势,说明加氢催化生物柴油可以达到柴油的效果。图 3.9 所示为加氢催化生物柴油和柴油火焰浮起长度与着火延迟期之间的关系。从图 3.9 中可以发现,加氢催化生物柴油具有更高的活性,可应用于其他新型燃烧模式,如汽油压燃模型。

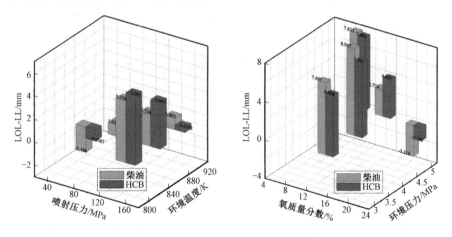

图 3.8　加氢催化生物柴油、柴油火焰浮起长度与液相长度之间的关系

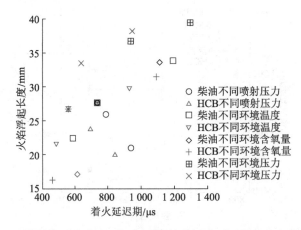

图 3.9　加氢催化生物柴油、柴油火焰浮起长度与着火延迟期之间的关系

3.4　加氢催化生物柴油/柴油碳烟特性

3.4.1　火焰中碳烟浓度发展过程

在每个光路轴向位置上,测量所得的 KL 值正比于入射光在碳烟内光学长度的累积值。图 3.10 给出了 MO 工况(喷油压力为 100 MPa、环境温度为 870 K、氧质量分数为 18%)下 B0 和 B50 燃油的碳烟浓度的二维分布,其中 B0 燃油燃烧产生的碳烟中,黑色区域表示入射光无法穿过此处碳烟,即 KL 值大于 5,白色虚线表示相应燃油在该工况下的火焰浮起长度。

由图 3.10 可见,B50 燃油燃烧时的碳烟生成初始时刻远早于 B0 燃油,这主要是因为加氢催化生物柴油的十六烷值较高,大幅缩短了 B50 燃油的着火延迟期,而着火延迟期会改变扩散火焰中的油气混合质量,从而影响整个燃烧过程。同时,较短的着火延迟期意味着更大比例的扩散燃烧和更小比例的预混燃烧,油气混合过程中卷吸空气量也会大大降低,因此火焰浮起长度会缩短,从而有助于增大碳烟生成。此外,十六烷值较高的燃油裂解速率更快,从而也会加速碳烟前驱物的生成。一般来说,小分子燃料的碳烟生成较低,燃烧更完全,而碳烟的生成过程极其复杂,需要在不同的运行工况下进行具体性分析。

在喷油器电磁阀通电之后(after start of energizing, ASOE)1 150 μs 时,由于 B50 燃油火焰的头部出现了破碎,所以对应的碳烟头部被边界过滤掉。在碳烟生成初始时刻,B50 燃油的碳烟浓度较大,在 ASOE 1 800 μs 时,两种燃油火焰中的碳烟分布趋于稳定,并且 B50 燃油火焰中的碳烟浓度明显小于纯柴油。

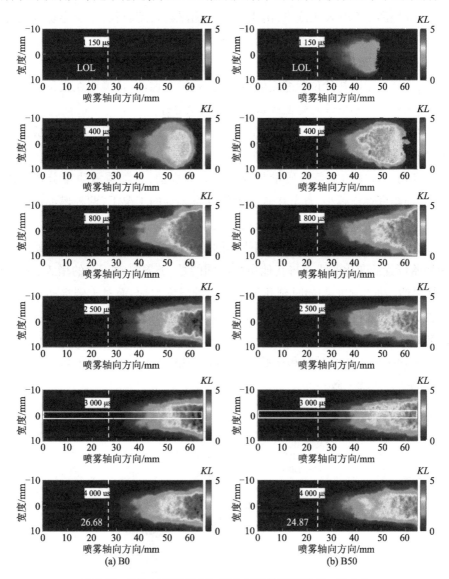

图 3.10　MO 工况下 B0 和 B50 燃油的碳烟浓度二维分布

3.4.2　碳烟生成的初始时刻和初始位置

柴油燃烧的碳烟生成主要存在于扩散火焰中,因此,火焰中碳烟浓度的大幅增加可以在一定程度上表征扩散火焰的开始。图 3.11a 给出 LT、MT 和

BA(不同环境温度)工况下碳烟生成的初始时刻和初始位置的变化曲线(柱状图表示碳烟生成的初始时刻,折线图表示碳烟生成的初始位置)。由图可知,在环境温度 770 K 工况下,由于此时火焰浮起长度较长,预混燃烧较为充分,在视窗内无碳烟信号;在环境温度 823 K 和 870 K 工况下,碳烟生成的初始时刻随着环境温度的升高而提前,且 B50 燃油下降的幅度小于 B0 燃油。同样,碳烟生成的初始位置缩短的幅度也小于 B0 燃油,这说明在大负荷工况下,加氢催化生物柴油对降低碳烟生成的效果更好。

图 3.11b 给出了 BA、MO 和 HO(不同氧质量分数)工况下碳烟生成的初始时刻和初始位置的变化曲线。由图可知,B0 和 B50 燃油的碳烟生成的初始时刻和初始位置均随着氧质量分数的增大而提前,且随着氧质量分数的增大,提前幅度逐渐减小,直至在氧质量分数为 21% 的工况下,两种燃油的碳烟生成的初始时刻和初始位置几乎没有差别。

图 3.11c 给出了 BA 和 HI(不同喷油压力)工况下碳烟生成的初始时刻和初始位置的变化曲线。与其他参数不同的是,随着喷油压力的增大,B0 和 B50 燃油碳烟生成的初始时刻几乎以相同的幅度增加,而对于碳烟初始生成位置,B50 燃油几乎保持不变。由图 3.11 可以得出,碳烟初始生成时刻和碳烟初始生成位置的对应关系类似于着火延迟期和火焰浮起长度的对应关系,并且碳烟生成的初始时刻和初始位置随着环境参数的变化规律与火焰浮起长度的变化规律一致。

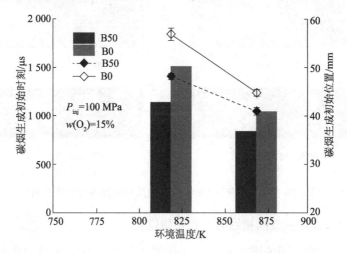

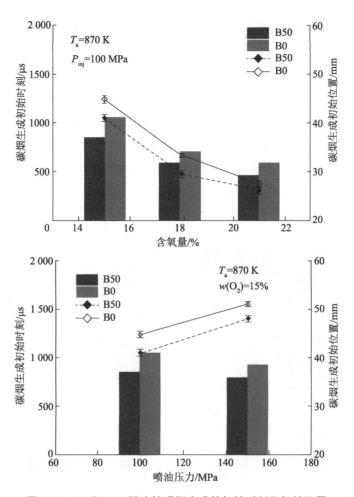

图 3.11　B0 和 B50 燃油的碳烟生成的初始时刻和初始位置

3.4.3　碳烟分布和碳烟宽度

高温缺氧是内燃机缸内燃烧时碳烟生成的条件,同时在高喷油压力工况下,由于喷雾雾化液滴粒径较小,油气混合均匀,当量比分布也较为均匀,燃烧时的碳烟生成也较少,但在国 V 柴油的碳烟光学测试研究中,火焰中碳烟浓度随着氧质量分数的增大而升高,这一结果也与 Tipanluisa 等针对美国 2# 柴油的研究结果一致。本小节将从碳烟浓度分布、火焰浮起长度和碳烟生成的初始位置的差值、喷雾轴向和喷雾径向上的 *KL* 值分布,以及碳烟宽度来分析不同环境工况下加氢催化生物柴油的碳烟生成特性。

图 3.12 至图 3.14 分别给出了 B0 和 B50 燃油在不同环境工况下碳烟浓

度的分布(用 Soot-LOL 表示)。根据 Basaran 等的研究结果,二者差值与碳烟生成量呈负相关,由于受到碳烟生成过程和碳烟氧化过程的影响,火焰中碳烟高浓度区分布在火焰中心。

图 3.12 给出了 LT、MT 和 BA(不同环境温度)工况下两种燃油碳烟浓度的变化。对比碳烟生成的初始位置与火焰浮起长度的差值,可以发现,随着环境温度的升高,Soot-LOL 逐渐减小,B0 和 B50 燃油的碳烟浓度随着环境温度的升高而升高,碳烟区域的面积随之增大,但比较相同工况下的不同燃油,Soot-LOL 无明显差异,这可能是因为在小的氧质量分数和低环境温度下,燃烧不稳定,而在环境温度 823 K 工况下,视窗中碳烟区域较小,难以实现较为精确地分析。

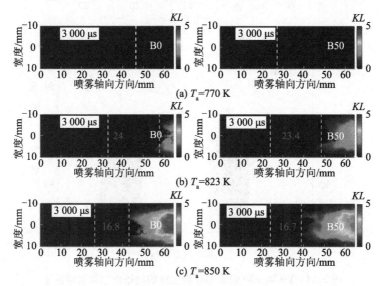

图 3.12　B0 和 B50 燃油在不同环境温度下稳态时刻的碳烟分布

图 3.13 给出了 B0 和 B50 燃油在不同氧质量分数工况下的碳烟分布。B0 燃油碳烟生成的初始位置与火焰浮起长度的差值随着氧质量分数的增大,Soot-LOL 逐渐减小,即碳烟生成逐渐增大,但是 B50 燃油的碳烟生成的初始位置与火焰浮起长度的差值在氧质量分数为 18% 工况下达到最小值。对比 B50 燃油在氧质量分数为 18% 和 21% 工况下的碳烟浓度可以发现,虽然氧质量分数的增大可以缩短碳烟生成的初始位置,但是在喷雾轴向上,在氧质量分数为 21% 工况下,碳烟宽度大幅缩短,说明此时碳烟外围氧化速率较大。

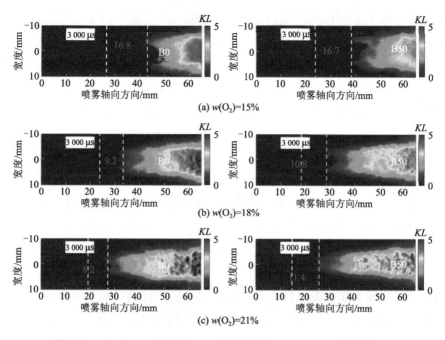

图 3.13　B0 和 B50 燃油在不同氧质量分数下稳态时刻的碳烟分布

　　图 3.14 给出了 B0 和 B50 燃油在不同喷油压力工况下的碳烟分布。Soot-LOL 随着喷油压力的增大而增大,并且 B50 的值大于 B0,即在高喷油压力下加氢催化生物柴油 B50 的碳烟浓度比纯柴油 B0 的碳烟浓度低,说明高喷油压力更有利于减少加氢催化生物柴油燃烧时碳烟的生成,针对具体的 *KL* 值将从喷雾轴向上两个位置和喷雾轴线上进行分析。

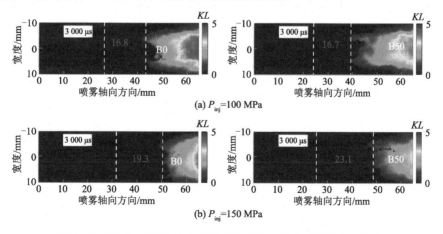

图 3.14　B0 和 B50 燃油在不同喷油压力下稳态时刻的碳烟分布

　　为了减少燃烧不稳定的误差,选取喷雾轴线处径向上±2 mm 范围内的 KL 值进行纵向平均,计算范围如图 3.17 所示。对于喷雾径向上 KL 值的比较,考虑到在高喷油压力、较小的氧质量分数和低环境温度工况下火焰中碳烟生成的初始位置相对靠后,选择 $x=50$ mm 和 $x=60$ mm 两个位置进行比较。

　　图 3.15a、图 3.15b 和图 3.15c 分别给出了不同环境温度(770 K,823 K, 870 K)、氧质量分数(15%,18%,21%)和喷油压力(100 MPa,150 MPa)工况下,在喷油结束 3 000 μs 这一时刻喷雾轴线上的 KL 曲线。环境温度为 770 K 时,无碳烟生成。除了 $w(O_2)$ 为 21% 和环境温度 823 K 工况外,其余工况下, 在碳烟尾部,B50 燃油的 KL 值均大于 B0 燃油,随着火焰向下传播,在火焰中心处,B50 燃油的 KL 值小于 B0 燃油,这主要是因为 B50 燃油的十六烷值高, 火焰浮起长度短,B50 燃油卷吸的空气量较少,但 B50 的燃油密度小,有利于油气混合更均匀,从而降低碳烟的生成。对比图 3.12 和图 3.13,此时 B50 燃油的喷雾液相头部被火焰包裹的长度较多,处于富油燃烧,而喷雾头部被高温火焰加热蒸发,在一定程度上会降低火焰浮起长度附近的火焰温度,从而降低碳烟的氧化速率,造成局部碳烟量大。随着燃烧的进行,燃油的化学性质开始主导燃烧过程。国 V 柴油组分中的不饱和烃的比例较大,容易更快地生成碳烟前驱物(PAHS),而加氢催化生物柴油的直链烷烃结构不易聚合成环,同时加氢催化生物柴油中较低的硫含量也是 B50 燃油碳烟生成量少的一大原因。

　　在环境温度为 823 K 的工况下,视窗内采集到的碳烟的面积较小,因此 B50 燃油的 KL 值始终大于 B0;而在 $w(O_2)$ 为 21% 的工况下,B0 和 B50 燃油的 KL 曲线基本重叠,这说明低 EGR 下加氢催化生物柴油的使用无法有效降低碳烟生成。

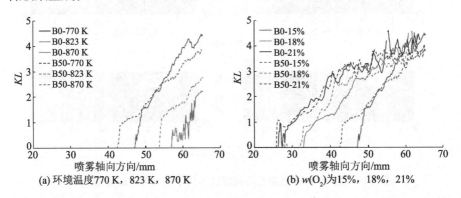

(a) 环境温度770 K, 823 K, 870 K　　　　　(b) $w(O_2)$为15%, 18%, 21%

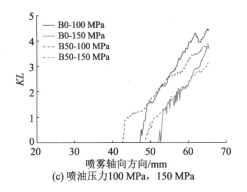

(c) 喷油压力100 MPa，150 MPa

图 3.15　稳态时刻 B0 和 B50 燃油喷雾轴线上 KL 值

图 3.16a~e 分别给出了 BA 工况［环境温度为 870 K、喷油压力为 100 MPa、$w(O_2)$ 为 15%］、MT 工况（环境温度为 823 K）、MO 工况［$w(O_2)$ 为 18%］、HO 工况［$w(O_2)$ 为 21%］和 HI 工况（喷油压力为 150 MPa）下 $x = 50$ mm 和 $x = 60$ mm 处的 KL 曲线。在 MT 工况下，由于只有碳烟尾部在视窗内，B50 燃油的 KL 值大于 B0；而在 HI 工况下 $x = 60$ mm 处，由于加氢催化生物柴油的运动黏度和燃油密度都较小，高喷油压力下的碳烟生成量也少，所以在喷雾径向上的碳烟浓度较小。对比不同氧的质量分数可以发现，在所有工况下，B50 燃油的碳烟浓度在火焰中心［$y = (0\pm4)$ mm］均较为均匀，无明显波峰，而 B0 燃油在 $w(O_2)$ 为 21%工况下，火焰中心的 KL 值明显增加；在氧的质量分数为 18%和 21%工况下，两种燃油在 $x = 50$ mm 处的 KL 值基本不变，而在火焰下方 $x = 60$ mm 处，B0 燃油的 KL 值有所增大，B50 燃油的 KL 值仍与 $x = 50$ mm 处保持一致。对比两种燃油的试验结果可以看出，在 $x = 50$ mm 处，B0 和 B50 燃油的 KL 曲线基本重合。综上所述，在视窗下游，B50 燃油的碳烟浓度分布相比国 Ⅴ 柴油更加均匀，燃烧稳定性更好。

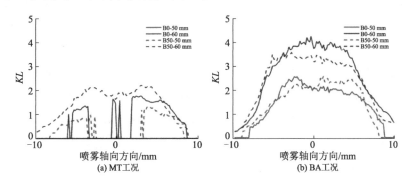

(a) MT工况　　　　　　　　　　(b) BA工况

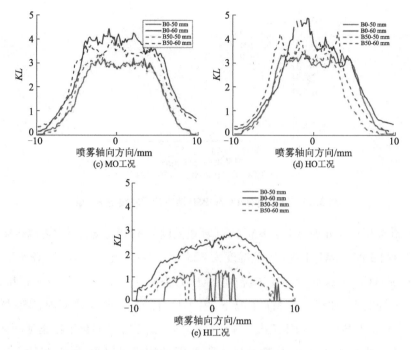

图 3.16　稳态时刻 B0 和 B50 燃油喷雾径向上的 KL 值

碳烟的氧化伴随着整个碳烟的生成过程,最终的碳烟净生成量取决于碳烟的生成速率和氧化速率之差。而加氢催化生物柴油和国 V 柴油不同的物理化学性质决定了碳烟的生成速率和氧化速率在不同运行工况下敏感度的差异。由于 KL 值表征的碳烟浓度边界较为模糊,且大氧质量分数工况下存在喷雾液相信号干扰等问题,本书选择信噪比较好的碳烟自身辐射进行碳烟宽度的比较,即碳烟的生成速率与氧化速率在喷雾径向上的平衡位置,并截取喷雾轴线上半部分的碳烟区域进行比较。

图 3.17a~e 分别给出了 BA 工况[环境温度 870 K、喷油压力 100 MPa、$w(O_2) = 15\%$]、MT 工况(环境温度 823 K)、MO 工况[$w(O_2) = 18\%$]、HO 工况[$w(O_2) = 21\%$]和 HI 工况(喷油压力 150 MPa)下喷雾轴线以上部分碳烟宽度的比较。为了直接比较两种燃油的碳烟宽度,将 B0 燃油的碳烟宽度曲线向喷嘴方向移动碳烟初始位置差,从而保证 B0 和 B50 燃油的碳烟宽度曲线的起始位置相同,如图 3.17 中虚线所示。在低环境温度(823 K)、中高氧质量分数(18%,21%)工况下,火焰尾部 B0 和 B50 燃油的碳烟宽度基本相等,随着火焰向下传播,两者之间的差距逐渐增大,并且,随着氧质量分数的

增大,B0 和 B50 燃油的碳烟宽度同时缩短,B50 燃油的缩短幅度更大,说明大的氧质量分数下更有利于加氢催化生物柴油燃烧火焰中的碳烟氧化。相比于高喷油压力($P_i = 150$ MPa)工况,基准工况下 B0 燃油的碳烟宽度与 B50 燃油的差值最大,即此工况下使用加氢催化生物柴油能最有效地降低碳烟生成。

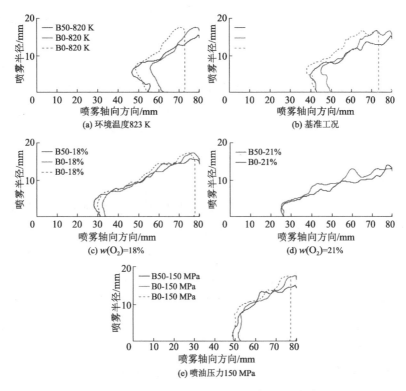

图 3.17   稳态时刻 B0 和 B50 燃油的碳烟自身辐射宽度

3.4.4 碳烟质量和面积瞬态特性

图 3.18a、图 3.18b 和图 3.18c 分别给出了不同环境温度(770 K,823 K,870 K)、氧质量分数(15%,18%,21%)、喷油压力(100 MPa,150 MPa)工况下视窗范围内的碳烟总质量和面积随时间的变化曲线。在碳烟质量变化曲线中,碳烟生成后,碳烟质量会急速增加,迅速到达第一个峰值,对比碳烟面积曲线,也出现了第一个峰值,可以推断出产生第一个峰值的原因主要是此时视窗可以完全覆盖碳烟,火焰向四周扩散以卷吸更多的空气,视窗内的碳烟面积增大,由于此时火焰呈一个球形,火焰中心的当量比极高,从而抑制了碳烟的氧化。除了氧质量分数为 21%的工况外,在其他工况下,B50 燃油的峰值

明显高于 B0 燃油,这主要是因为加氢催化生物柴油分子结构简单,化学反应速率快,所以预混火焰温度高,而 B50 燃油的密度低,火焰传播速度快。在经过第一个峰之后,碳烟质量会趋于稳定,在 ASOE 4 ms 附近,会出现第二个较小的峰,此时正是喷油结束时刻,部分工况下出现了较小程度的回火现象。

一般来说,碳烟生成量会随着环境温度的增加和喷油压力的降低而增大。但是,在不同的氧质量分数下,碳烟的生成规律变得复杂。当氧的质量分数较小时,燃油燃烧时的火焰温度降低,化学反应速率降低,从而直接降低碳烟的生成速率。同时,火焰传播速度变慢,火焰宽度增大,会卷吸更多的氧气。因此,碳烟停滞时间长,即氧化过程持续时间长,但随着氧质量分数的增加,化学反应速率加快,火焰温度急速升高,碳烟的生成速率和氧化速率也加快,二者速率的差值决定了最终碳烟的生成量。

在碳烟质量稳定区间内可以看到,在环境温度 823 K 工况下,B50 燃油的碳烟质量大于 B0 燃油,而在其他工况下,B50 燃油的碳烟质量均等于或者小于 B0 燃油 [$w(O_2)$ 为 21%]。对比图 3.9a,在环境温度较低的工况下,B0 燃油的碳烟初始位置更远,视窗内的碳烟面积非常小,从而整体的碳烟质量相对较小,而在其他工况下,正是因为 B50 燃油的碳烟初始位置较 B0 燃油近,所以 B50 燃油的碳烟面积稍大于 B0 燃油,而两种燃油在稳态时刻的碳烟质量相等,说明 B50 燃油火焰中平均碳烟浓度低于 B0 燃油。对比在氧质量分数分别为 18% 和 21% 的工况下 B50 燃油的碳烟质量可以得出,尽管在两个工况下 B50 燃油的碳烟质量相同,但是碳烟面积在氧质量分数为 18% 的工况下较大,说明 B50 燃油的碳烟生成量还是随着氧质量分数的增大而增大,只是随着氧质量分数的增大,加氢催化生物柴油的碳烟净生成速率降低。

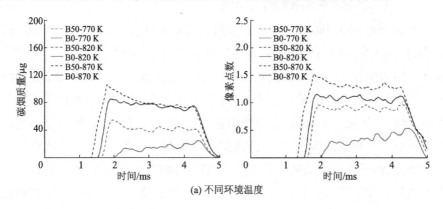

(a) 不同环境温度

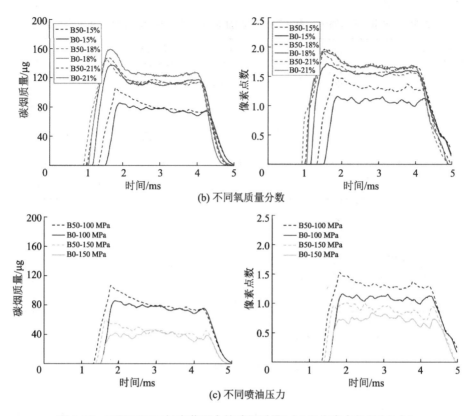

(b) 不同氧质量分数

(c) 不同喷油压力

图 3.18 不同工况下视窗范围内的碳烟质量(左)和像素点数总和(右)

3.5 不同种类生物柴油掺混合燃料发动机燃烧排放性能

3.5.1 稳态循环测试下的排放量及油耗

表 3.8 为稳态循环测试(WHSC)下脂肪酸甲酯生物柴油与加氢催化生物柴油/柴油的排放量与油耗。表 3.9 为 WHSC 下脂肪酸生物柴油与加氢催化生物柴油/柴油的比排放量和平均油耗。从表 3.9 中可知,相比于柴油(D100),掺混 5%加氢催化生物柴油 1(H5)的 NO_x 比排放量、HC 比排放量和平均油耗分别下降了 0.516%,3.465%,0.009%;相比于柴油,掺混 5%脂肪酸甲酯生物柴油(B5)的 CO 比排放量降低了 0.728%;相比于掺混 5%脂肪酸甲酯生物柴油(B5),掺混 5%加氢催化生物柴油 1(H5)的 NO_x 比排放量、HC 比排放量、PN 和平均油耗分别下降了 1.583%,7.121%,89.37%,0.955%。

表3.8 WHSC下脂肪酸甲酯生物柴油与加氢催化生物柴油/柴油的排放量与油耗

发动机模式	样品	循环功/(kW·h)	NO$_x$/[g·(kW·h)$^{-1}$]	CO/[g·(kW·h)$^{-1}$]	HC/[g·(kW·h)$^{-1}$]	PN/[g·(kW·h)$^{-1}$]	平均油耗/(kg·h^{-1})
WHSC	D100	26.389	7.192	0.412	0.127	3.383E+13	10.667
	H5	26.423 3	7.154 9	0.423	0.122 6	3.549E+13	10.666
	B5	26.39	7.27	0.409	0.132	3.340E+14	10.768 8

表3.9 WHSC下的脂肪酸甲酯与加氢催化生物柴油/柴油的比排放量与油耗对比

单位:%

对比样品	对比参数				
	NO$_x$	CO	HC	PN	平均油耗
H5 与 D100	0.130	−0.516	3.670	−3.465	4.907E+00
B5 与 D100	0.004	1.085	−0.728	3.937	8.873E+02
H5 与 B5	0.126	−1.583	3.423	−7.121	−8.937E+01

3.5.2 瞬态循环测试下的排放量及油耗

表3.10为瞬态循环测试(WHTC)下脂肪酸甲酯生物柴油与加氢催化生物柴油/柴油的排放量与油耗。表3.11为WHTC下脂肪酸甲酯生物柴油与加氢催化生物柴油/柴油的比排放量和平均油耗对比。从表3.11中可以发现:相比于柴油,掺混5%加氢催化生物柴油1(H5)的CO比排放量、HC比排放量和PN分别下降了0.459%,3.974%,0.850 4%;相比于柴油,掺混5%脂肪酸甲酯生物柴油(B5)的CO比排放量降低了6.012%;相比于掺混5%脂肪酸甲酯生物柴油(B5),掺混5%加氢催化生物柴油1(H5)的NO$_x$比排放量、HC比排放量、PN和平均油耗分别下降了0.72%,4.605%,89.05%,0.659%。

表3.10 WHTC下脂肪酸甲酯生物柴油与加氢催化生物柴油/柴油的排放量与油耗

发动机模式	样品	循环功/(kW·h)	NO$_x$/[g·(kW·h)$^{-1}$]	CO/[g·(kW·h)$^{-1}$]	HC/[g·(kW·h)$^{-1}$]	PN/[g·(kW·h)$^{-1}$]	平均油耗/(kg·h^{-1})
WHTC	D100	17.605	6.875	1.547	0.151	7.173E+13	7.899
	H5	17.634	6.895	1.540	0.145	7.112E+13	7.920
	B5	17.625	6.945	1.454	0.152	6.495E+14	7.972

表 3.11　WHTC 下脂肪酸甲酯与加氢催化生物柴油/柴油的比排放量与油耗对比

单位:%

对比样品	对比参数				
	NO$_x$	CO	HC	PN	平均油耗
H5 与 D100	0.165	0.291	−0.459	−3.974	−8.504E−01
B5 与 D100	0.114	1.018	−6.012	0.662	8.055E+02
H5 与 B5	0.051	−0.720	5.908	−4.605	−8.905E+01

3.5.3　稳态和瞬态循环测试下的排放量及油耗

表 3.12 为稳态和瞬态循环测试(WHSC 和 WHTC)下脂肪酸甲酯生物柴油与加氢催化生物柴油/柴油的排放量与油耗。表 3.13 为 WHSC 和 WHTC 下脂肪酸甲酯生物柴油与加氢生物柴油/柴油的比排放量与油耗对比。

表 3.12　稳态和瞬态循环测试下的脂肪酸甲酯生物柴油与加氢催化生物柴油/柴油的排放量与油耗

模式	样品	NO$_x$/[g·(kW·h)$^{-1}$]	CO/[g·(kW·h)$^{-1}$]	HC/[g·(kW·h)$^{-1}$]	PN/[g·(kW·h)$^{-1}$]	平均油耗/(kg·h^{-1})
WHSC+WHTC	D100	14.067	1.959	0.278	1.056E+14	18.566
	H5	14.049 9	1.962 9	0.267 6	1.066E+14	18.585 7
	B5	14.215	1.863	0.284	9.835E+14	18.741

表 3.13　WHSC 和 WHTC 下脂肪酸甲酯与加氢催化生物柴油/柴油的比排放量与油耗对比

单位:%

对比样品	对比参数				
	NO$_x$	CO	HC	PN	平均油耗
H5 与 D100	−0.0012	0.1991	−3.7410	9.947E−01	0.1061
B5 与 D100	1.0521	−4.9005	2.1583	8.317E+02	0.9426
H5 与 B5	−1.1614	5.3623	−5.7746	−8.916E+01	−0.8287

3.6　不同掺混比生物柴油/柴油发动机燃烧排放性能

3.6.1　PM 与 NO$_x$比排放

图 3.19 为混合燃料 WHSC 下的累积 PM 比排放和 NO$_x$比排放。从图中

可知,混合燃料中 PM 随着 HCB 掺混比例的增加而先增加再减小,但随着 Biodiesel 掺混比例的增加而减小。这是因为 Diesel/HCB 混合燃料随着 HCB 掺混比例的增加、十六烷值的增加及芳烃含量的减少,其着火燃烧性能越好,着火延迟期较短,扩散燃烧期所占比例增大,所以 PM 的排放量增加,但硫含量在 H20 燃油中显著降低,这样一正一负,使得 H20 燃油的 PM 的排放量降低。此外,Diesel/Biodiesel 混合燃料随着 Biodiesel 掺混比例的增加及含氧量的增加,局部当量比降低,使得 PM 排放量降低,且 Diesel/HCB 混合燃料或者 Diesel/Biodiesel 混合燃料的 PM 高于纯柴油,这是由于 Diesel/HCB 混合燃料或者 Diesel/Biodiesel 混合燃料的十六烷值均大于柴油,使得混合燃料的着火延迟期缩短,燃料来不及与空气充分混合,预混效果较差。混合燃料中 NO_x 随着 HCB 或 Biodiesel 掺混比例的增加而均降低,这是因为混合燃料随着 HCB 和 Biodiesel 掺混比例的增加,芳烃含量减少且十六烷值增加,滞燃期变短,扩散燃烧所占比例增大,则平均燃烧温度降低,因此 NO_x 降低,且 Diesel/HCB 混合燃料或者 Diesel/Biodiesel 混合燃料的 PM 低于纯柴油,这是由于 Diesel/HCB 混合燃料或者 Diesel/Biodiesel 混合燃料的十六烷值均大于纯柴油,且 HCB 或者 Biodiesel 本身并不含有芳香烃,随着混合燃料掺混比例的增加,Diesel/HCB 混合燃料或者 Diesel/Biodiesel 混合燃料的芳烃含量低于纯柴油,导致混合燃料的滞燃期缩短,因此混合燃料的扩散比例大于柴油的扩散比例。

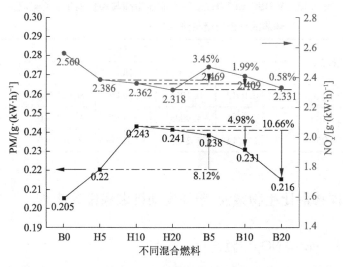

图 3.19 不同混合燃料在 WHSC 下的累积 PM 和 NO_x 比排放

　　图 3.20 是在相同掺混比例情况下,将 Diesel/Biodiesel 混合燃料的排放量减去 Diesel/HCB 混合燃料的排放量,然后除以 Diesel/HCB 混合燃料的排放量得到的增长率。在图 3.20 中可知,在相同掺混比例条件下,Diesel/HCB 混合燃料的 NO_x 低于 Diesel/Biodiesel 混合燃料。这是因为与 Diesel/HCB 混合燃料相比,同比例的 Diesel/Biodiesel 混合燃料的十六烷值更小,则其着火延迟期稍长,燃料与空气充分混合,并且在活塞更靠近上止点、气缸容积较小的情况下燃烧,缸内平均温度稍高。另外,Diesel/Biodiesel 混合燃料的含氧量更高,空燃比更大,加速了 NO_x 的正向反应速率,从而使得 Diesel/Biodiesel 混合燃料的 NO_x 排放量高于 Diesel/HCB 混合燃料,且随着掺混比例的增加,Diesel/Biodiesel 混合燃料相对于 Diesel/HCB 混合燃料的 NO_x 的增长率减小,说明加大掺混比例可有效降低 NO_x 的生成,但在掺混比例超过一定值时,对于降低 NO_x 排放的效果将不明显。这是因为随着掺混比例的增加,混合燃料的十六烷值进一步增加,混合燃料活性增加,着火延迟期进一步缩短,导致扩散燃烧比例进一步增加,缸内燃烧温度进一步降低。从图 3.20 中可知,混合燃料中掺混 5% 的 HCB 或者 Biodiesel 时,Diesel/HCB 混合燃料的 PM 低于 Diesel/Biodiesel 混合燃料,但混合燃料中掺混 HCB 或者 Biodiesel 超过 10% 时,Diesel/HCB 混合燃料的 PM 大于 Diesel/Biodiesel 混合燃料。这是由于混合燃料中掺混 5% 的 HCB 或者 Biodiesel 时,十六烷值对燃烧性能的影响占据主导作用,Diesel/HCB 混合燃料的十六烷值大于 Diesel/Biodiesel 混合燃料,Diesel/HCB 混合燃料的滞燃期短于 Diesel/Biodiesel 混合燃料的着火延迟期,Diesel/HCB 混合燃料的雾化效果更差。因此,Diesel/HCB 混合燃料的 PM 低于 Diesel/Biodiesel 混合燃料。但当混合燃料中掺混 HCB 或者 Biodiesel 超过 10% 时,Biodiesel 的含氧特性逐渐凸显,随着掺混比的增加,Diesel/Biodiesel 混合燃料的含氧量也增加,更多的 PM 被氧化。此外,随着掺混比例的增加,Diesel/Biodiesel 混合燃料相对于 Diesel/HCB 混合燃料的 PM 的增长率降低直至为负值。这说明随着掺混比例的增加,Diesel/Biodiesel 混合燃料燃烧供氧更充分,颗粒被氧化的数量更多。

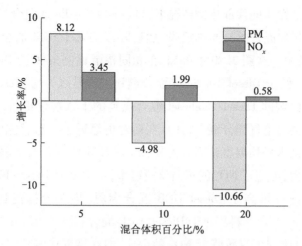

**图 3.20　脂肪酸甲酯生物柴油/柴油相对于加氢催化生物柴油/
柴油的 PM 和 NO$_x$ 比排放的增长率**

3.6.2　HC 与 CO 比排放

图 3.21 是 Diesel/HCB 混合燃料和 Diesel/Biodiesel 混合燃料在 WHSC 下的累积 HC 比排放量。从图中可知,Diesel/HCB 混合燃料的 HC 比排放量随着 HCB 掺混比例的增加而增加。这是因为随着 HCB 掺混比例的增加,Diesel/HCB 混合燃料的十六烷值增加,芳烃含量降低,滞燃期变短,油气混合效果变差,局部当量比过大,混合气存在局部过浓的区域,导致燃烧不完全。Diesel/Biodiesel 混合燃料的 HC 比排放量随着 Biodiesel 掺混比例的增加而增加。这是因为随着 Biodiesel 掺混比例的增加,Diesel/Biodiesel 混合燃料的黏度和十六烷值增加,雾化效果变差,滞燃期变短,燃料与空气混合的时间变短,瞬时混合气过浓,导致不完全燃烧。Diesel/HCB 混合燃料和 Diesel/Biodiesel 燃料的 HC 比排放均低于柴油。这是因为 Diesel/HCB 混合燃料和 Diesel/Biodiesel 燃料的十六烷值均大于柴油,着火延迟期变短,其未燃碳氢和裂解碳氢均减少。同掺混比例时,Diesel/HCB 混合燃料的 HC 比排放量低于 Diesel/Biodiesel 混合燃料。这是因为同掺混比例时,Diesel/HCB 混合燃料的十六烷值大于 Diesel/Biodiesel 混合燃料,且 Diesel/HCB 混合燃料的黏度低于 Diesel/Biodiesel 混合燃料,这些都促使 Diesel/HCB 混合燃料的雾化效果更好,着火性能更佳。

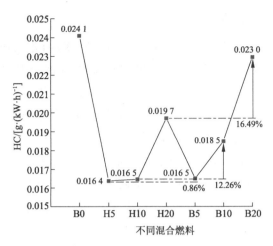

图 3.21　不同混合燃料在 WHSC 下的累积 HC 比排放

图 3.22 是 Diesel/HCB 混合燃料和 Diesel/Biodiesel 混合燃料在 WHSC 下的累积 CO 比排放。从图中可知,Diesel/HCB 混合燃料的 CO 比排放随着 HCB 掺混比例的增加而增加,且都比柴油高。这是因为与柴油相比,随着 HCB 掺混比例的增加,Diesel/HCB 混合燃料的十六烷值增加,芳烃含量降低,滞燃期变短,缸内平均温度降低,CO 氧化生成 CO_2 的反应时间变短。Diesel/Biodiesel 混合燃料的 CO 比排放随着 Biodiesel 掺混比例的增加而降低,且掺混比例高于10%时 CO 的排放低于柴油。这是因为随着 Biodiesel 掺混比例的增加,工质中比含氧量增加,CO 氧化生成 CO_2 正反应速率增加,当 Biodiesel 掺混比例高于10%时,Diesel/Biodiesel 混合燃料的含氧量对燃烧的促进作用愈加明显。

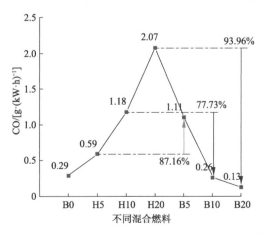

图 3.22　不同混合燃料在 WHSC 下累积 CO 比排放

3.6.3 燃油消耗率

图3.23是Diesel/HCB混合燃料和Diesel/Biodiesel混合燃料在WHSC下的累积燃油消耗率。从图3.23中可知,Diesel/HCB混合燃料的比油耗随着HCB掺混比例的增加而降低,且比柴油的比油耗低。这是因为随着HCB掺混比例的增加,与柴油相比,Diesel/HCB混合燃料的低热值越高,能量密度越大,一定工况下单位质量时释放的能量越多,经济性更好。Diesel/Biodiesel混合燃料的比油耗随着Biodiesel掺混比例的增加而增加,且比柴油的比油耗高。这是因为随着Biodiesel掺混比例的增加,与柴油相比,Diesel/Biodiesel混合燃料的低热值降低,则相同燃油量时其释放的热量越小,经济性更差。同掺混比例时,Diesel/HCB混合燃料的比油耗低于Diesel/Biodiesel混合燃料,这是因为在混合燃料中掺混的HCB是直链饱和烷烃结构,HCB燃料的H/C为2.118,高于Biodiesel的H/C,在相同掺混比例时,Diesel/HCB混合燃料的低热值高于Diesel/Biodiesel混合燃料,喷射相同质量的混合燃料时,Diesel/HCB混合燃料释放的热量更多,缸内燃烧时的指示热效率更高。因此,同掺混比例时Diesel/HCB混合燃料的油耗更低。

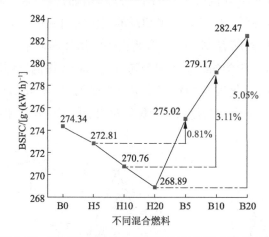

图3.23 不同混合燃料在WHSC下的累积燃油消耗率

3.7 本章小结

本章主要介绍了加氢催化生物柴油掺混不同种类柴油的试验结果,发现加氢催化生物柴油能很好地改善低端柴油的着火、燃烧和排放性能,可以适当比例掺混于现有柴油中来应用于发动机,并能显著改善原有柴油机的油耗和排放。需要注意的是,尽管加氢催化生物柴油液相长度要短于柴油,且加氢催化生物柴油的着火延迟期要短于柴油,但加氢催化生物柴油掺混柴油比例不能过高,否则会导致早燃、爆震等问题。

从喷雾特性上看,加氢催化生物柴油掺混比例的增加使得混合燃油液相长度缩短,降低了燃油撞壁的风险;从燃烧特性上看,加氢催化生物柴油掺混比例的增加使得混合燃油的着火性能更加优越,着火延迟期和火焰浮起长度变短,燃烧持续期变长,进一步拓展可应用于汽油压燃模型;从碳烟生成特性上看,尽管加氢催化生物柴油混合燃料碳烟初始生成时刻变早,并且碳烟出现位置离喷嘴更近,但在后期由于加氢催化生物柴油不饱和烃比例较少,硫含量较低,火焰中碳烟浓度显著低于柴油,并且高喷油压力下更容易减少加氢催化生物柴油火焰中碳烟的生成。

在 WHSC 下脂肪酸甲酯生物柴油与加氢催化生物柴油/柴油的排放与油耗,相比于柴油,H5 燃油的 NO_x 比排放量、HC 比排放量和平均油耗分别下降了 0.516%,3.465%,0.009%;相比于 B5 燃油,H5 燃油的 NO_x 比排放量、HC 比排放量、PN 和平均油耗分别下降了 1.583%,7.121%,89.37%,0.955%。在 WHTC 下脂肪酸甲酯生物柴油与加氢催化生物柴油/柴油的排放量与油耗相比于柴油,H5 燃油的 CO 比排放量、HC 比排放量和 PN 分别下降了 0.459%,3.974%,$0.850\ 4\%$;相比于 B5 燃油,H5 燃油的 NO_x 比排放、HC 比排放、PN 和平均油耗分别下降了 0.72%,4.605%,89.05%,0.659%。

在 WHSC 下 PM 随着加氢催化生物柴油掺混比例的增加而先增加后减少,随着脂肪酸甲酯生物柴油掺混比例的增加而降低,NO_x 随着两种生物柴油掺混比例的增加均减少;HC 随着脂肪酸甲酯生物柴油和加氢催化生物柴油掺混比例的增加而增加,但 CO 随着脂肪酸甲酯生物柴油掺混比例的增加而减少。对比不同生物柴油掺混比例下的燃油经济性,加氢催化生物柴油的掺混可以降低比油耗,而脂肪酸甲酯生物柴油的掺混却增加了比油耗。

扫码看第 3 章部分彩图

第4章 加氢催化生物柴油/汽油喷雾燃烧碳烟及排放特性

第3章研究发现在柴油中掺混加氢催化生物柴油的比例不能超过20%，为了能更大比例地应用加氢催化生物柴油，本章主要研究加氢催化生物柴油掺混低活性燃料汽油后的喷嘴内流、喷雾、燃烧、排放及油耗特性，探索汽油采用直喷压燃模式的可行性，进而解决汽油直喷压燃小负荷着火困难、大负荷压力升高率高的难题。

4.1 试验燃油及试验方案

4.1.1 喷嘴内部空化流动瞬态特性试验方案

喷嘴内流试验方法在2.1.1节中已经进行了详细介绍，为了对比几种燃料在不同喷射压力和喷油脉宽下的内部流动形态，试验方案的参数设置如表4.1所示。

表 4.1 试验方案的参数设置

试验参数	数值
环境温度 T_a/K	300
喷射压力 P_1/MPa	40,50,60
环境密度 ρ/(kg·m^{-3})	1.17
背压 P_2/MPa	0.1
喷油脉宽/μs	1 200,1 700,2 200
试验燃油	Diesel,HCB,G70H30,G50H50

4.1.2 喷雾燃烧及碳烟试验方案

为了方便表述，本书将纯加氢催化生物柴油命名为HCB，将掺混燃油按汽油、生物柴油不同的质量分数进行命名，即G70H30表示汽油质量分数为70%，加氢催化生物柴油质量分数为30%。同时，使用国V柴油作为对比燃油,具体方案见表4.2。以氧质量分数为15%、环境温度850 K、喷油压力80 MPa为基准工况,依次改变氧质量分数、环境温度研究不同工况下加氢催化生物柴油的喷雾燃烧及碳烟生成特性。

表4.2 加氢催化生物柴油/汽油掺混燃油的喷雾燃烧及碳烟生成
测试试验方案

工况	$w(O_2)$/%	喷油压力 P_{inj}/MPa	环境温度 T_a/K
LT(低环境温度)	15	80	800
HT(高环境温度)	15	80	900
BA(基准工况)	15	80	850
LO(氧质量分数小)	10	80	850
HO(氧质量分数大)	21	80	850

4.1.3 发动机试验方案

在试验测试前,发动机热机使冷却水温及机油温度均达到85 ℃,视为热机完成。在进行试验时,所有的测试点都是在稳定工况下。表4.3为发动机的主要运行参数。从表中可以看出,本次发动机试验主要探究了加氢催化生物柴油掺混40%(G60H40)、30%(G70H30)和20%(G80H20),燃油喷射压力为60 MPa时的燃烧及排放特性。

表4.3 发动机主要运行参数

参数	GDCI
速度/$(r \cdot min^{-1})$	1 500
燃油	G80H20,G70H30,G60H40
IMEP/10^5 Pa	2,3,4,5,6,7,8
喷射压力/MPa	60
喷射模式	单次喷射、二次喷射
EGR 率/%	0
进口温度/℃	30
润滑油温度/℃	85
冷却剂温度/℃	85

表4.4为3种混合燃油的喷射策略,图4.1为3种混合燃油喷射策略示意图。从图4.1和表4.4中可以发现,针对3种混合燃油,本研究主要开展了不同预喷时间以及不同主喷时间的对比试验,拟通过不同燃油喷射策略来控制最大压力升高率,获得不同比例混合燃油最佳喷射时刻以及喷射油量。

表4.4　3种混合燃油喷射策略

燃油	掺混比例/%	预喷时间/(°CA ATDC)	主喷时间/(°CA ATDC)
G80H20	20	−60	−9
	20	−50	−9
	20	−40	−9
G70H30	30	−60	−9
	30	−50	−9
	30	−40	−9
G60H40	40	−60	−9
	40	−50	−9
	40	−40	−9

注:ATDC 表示上止点。

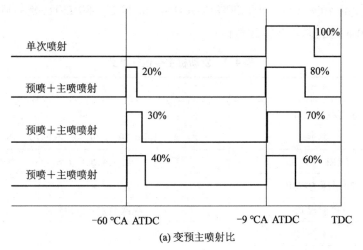

(a) 变预主喷射比

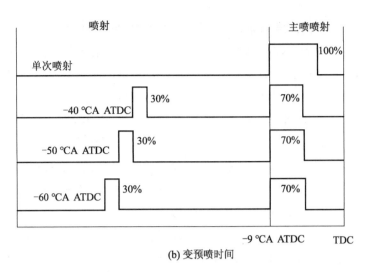

(b) 变预喷时间

图 4.1　燃油喷射策略示意图

4.2　加氢催化生物柴油/汽油喷嘴内流特性

近年来,生物柴油因其可再生的特点而受到人们的关注。Som 等基于混合物的空化模型,发现由于饱和蒸汽压的差异,柴油的空化强度总体要强于生物柴油。生物柴油的运动黏度较高,导致其流动能量损失更大,减弱了其喷射速度和在喷孔出口处的湍流强度。Battistoni 等通过模拟不同形状喷嘴的内部流动,发现空化强度与燃料类型的关系不大,主要与喷嘴形状密切相关。在锥形喷孔中,柴油的流动速率比生物柴油快,而在圆柱形喷孔中,两者的线空化强度更强,质量流量更加接近。耿莉敏等模拟针阀运动全过程中生物柴油在喷孔内部的瞬态流动。研究发现,相比于针阀开启过程,针阀关闭过程的空化现象更严重,针阀最大升程对生物柴油在喷孔内部流动的影响较小。同时增大背压对喷孔中的空化现象有抑制作用。He 等在比例放大台架上研究了柴油和生物柴油在不同长径比的喷嘴内的空穴流动特性及其对喷雾的影响,得出柴油和生物柴油的空化流动形态相似且柴油比生物柴油更容易产生空化现象的结论。而增大喷孔的长径比,可以减少空化现象的产生。由于比例放大的喷嘴与原尺寸喷嘴内的流动特性存在差异,Yu 等将数值模型和激光 Mie 散射技术结合,研究了柴油和生物柴油喷嘴内的流动和宏观喷雾特性。研究结果表明,柴油的质量流量和出口平均速度均大于生物柴油,相同喷射压力下柴油的径向速度明显大于生物柴油,而两种燃料的径向速度均随喷射压力的增大而增大。在相同的喷射压力下,生物柴油的喷雾锥角比柴油小,而柴油的喷雾锥角比柴油大。生物柴油较大的表面张力和黏度导致喷嘴出口处空化强度、湍动能和径向速度减小,进而导致喷雾锥角变小。

综上所述,国内外学者对生物柴油在喷嘴中的流动特性和喷雾特性做了大量研究,而关于生物柴油与汽油掺混后应用于 GCI 燃烧模式的研究开展得较少。此外,受限于喷嘴内部流动的强瞬态和小尺寸,在真实透明喷嘴中开展喷嘴内部流动特性的研究鲜见报道。本书针对 GCI 燃烧模式面对的问题,拟通过燃油掺混策略与喷射策略匹配的方式来实现 GCI 清洁高效燃烧,在定容燃烧弹上,利用长工作距离显微镜耦合高速成像技术开展了高压共轨模式下真实喷嘴内部流动特性的可视化试验研究,比较了不同掺混比例加氢催化生物柴油/汽油在不同喷射压力和不同喷油策略下喷嘴内部流动特性的异同,为混合燃油应用于高压共轨燃烧喷射系统及实现 GCI 高效清洁燃烧提供了理论支撑。

4.2.1　不同燃料在喷孔内的瞬态流动特性

图 4.2a 为喷射压力 60 MPa、喷油脉宽 2 200 μs 时,HCB 在喷嘴内部空化瞬态流动的发展过程。燃油启喷时(0 μs)喷孔内存在初始气泡,在喷油初期(0~200 μs)受针阀瞬间开启导致喷嘴压力室内所产生负压的影响,首先气泡向喷孔入口方向倒吸,然后随着喷孔上游流入的高压燃油一起喷射出喷孔。随着喷油过程的进行,喷嘴压力室和喷孔入口附近形成低压区,从而诱导产生起源于针阀锥面的涡旋空化(见 250~270 μs 时段的试验结果)。这种起源于针阀锥面的涡旋空化会使喷雾锥角产生较大的增幅,例如在燃油喷射后 380~570 μs 时段内,喷孔内的涡旋空化非常微弱,此时喷雾锥角平均约为 15°;而当喷油过程进行至 640~1 500 μs 时段内时,针阀逐渐抬起到喷孔开口位置处,喷孔内又产生了起源于针阀的涡旋空化且涡旋空化强度逐渐增强,喷雾锥角也随之逐渐增大到约 30°。

图 4.2b 给出了 G50H50 混合燃油在喷射过程中典型时刻的喷孔内流图像。从图中可以看出,在喷油初期,喷孔内出现了非常强烈的起源于针阀锥面的涡旋空化,随后两种涡旋空化共同存在及相互转换。在 1 730 μs 时刻,孔与孔间的涡旋空化逐步增强发展为喷孔中的主要涡旋空化形式,而起源于针阀锥面的涡旋空化变为纤细的丝线状。当针阀升程较低时,非常常见的起

源于针阀的涡旋空化也是与纯柴油在喷嘴内流中存在差异的现象。当空化发生时,其强度非常剧烈,在二维图像中几乎占据整个喷孔,并且对喷雾锥角的影响较大。

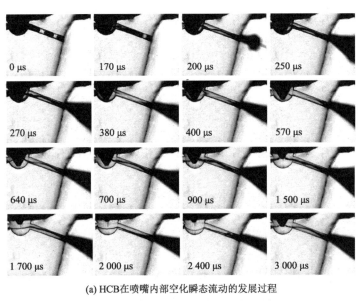

(a) HCB在喷嘴内部空化瞬态流动的发展过程

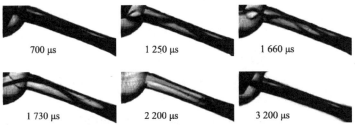

(b) G50H50混合燃油在喷射过程中典型时刻的喷孔内流图像(P_{in}=60 MPa)

图 4.2　双孔喷嘴内生物柴油的空化流动特性(P_{in}=60 MPa)

图 4.3 和图 4.4 分别为不同喷射压力下 Diesel 和 G70H30 随针阀抬升过程中的瞬态空化发展图像。从图中可以看出,在针阀运动的全过程中,不同燃油的线空化现象和线空化强度具有一定的随机性和波动性。同一种燃油在不同喷射压力下的线空化强度变化与针阀的运行位置和高度的关系密切。在喷射压力 40 MPa 下,线空化强度较高的位置主要集中在低针阀升程阶段,当针阀升程超过 0.3 mm,即针阀的抬升超过压力室与喷孔的上界面时,随着针阀抬升到喷孔以上甚至更高的位置,燃油从上部直接流入喷孔的转角变得

平滑,流速降低,喷嘴内孔与孔间的湍流强度也减弱,线空化强度有下降趋势,而喷射压力在 60 MPa 下也存在相同的趋势。

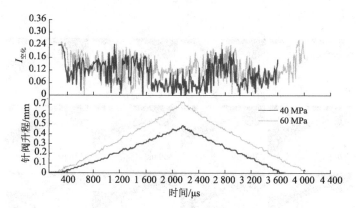

图 4.3　Diesel 的瞬态线空化发展图像

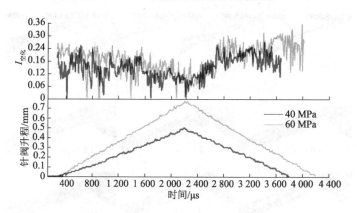

图 4.4　G70H30 的瞬态线空化发展图像

同时,为了将 G70H30、G50H50、Diesel 和 HCB 这 4 种试验燃料在不同喷射压力和喷射脉宽线空化强度进行直观比较,通过线空化强度的计算公式对其在不同工况下的线空化强度进行归纳整理,得出 G70H30、G50H50、Diesel 和 HCB 在不同喷射压力和不同喷射脉宽下的平均线空化强度。

图 4.5 所示为在不同喷射压力下 G70H30、G50H50、Diesel 和 HCB 的平均线空化强度(喷油脉宽=2 200 μs)。随着喷射压力的升高,针阀运动的速度增大,且针阀抬升的速度只与压力有关,而与喷油脉宽无关。由图 4.5 可以看出,当 P_{in}=40 MPa 时,平均线空化强度为 G70H30>G50H50>Diesel>HCB。在喷油脉宽相同的情况下,针阀抬升到落座的时间大致相同。在针阀开始抬升

的瞬间,针阀位置的突变会使局部压力降低,产生节流效应,较大的流量转向和随后的燃料加速流动导致小尺度涡流结构中的高强度湍流。在流经喷孔过程中,伴随强混合,产生均匀分布的湍流分布和空化蒸发现象。随着 4 种燃料的局部压力降低到饱和蒸汽压以下,线空化开始出现,由于燃料的黏度存在差异,其中黏度较小的 G70H30 的流动速度比较快,涡旋内部的压力较低,位于流体缓冲层的雷诺应力增加,而黏性底层的厚度减小,湍流阻力减小,导致 G70H30 的线空化强度最高。由于运动黏度的差异,不同燃料总体的线空化强度呈现 G70H30>G50H50>Diesel>HCB 的现象。随着喷射压力的提高,每种燃料均呈现 P_{in} = 60 MPa 的线空化强度>P_{in} = 50 MPa 的线空化强度>P_{in} = 40 MPa 的线空化强度的现象。这是由于喷射压力越大,针阀抬升和下落的速度越大,会依次给压力室和喷孔内部的流场带来更加强烈的扰动,空间的挤压变化更剧烈,产生更复杂的涡流结构,加剧线空化的强度。由于喷射压力不同,针阀抬升的速度不同,针阀抬升到最高点的时间基本一致,且在喷油压力 60 MPa 时针阀达到的高度远大于喷油压力 40 MPa 达到的高度,导致瞬态燃油的流通截面和燃油在针阀运行过程中流经压力室和喷孔的转角存在差异,这主要是由于喷射压力对燃油在喷孔中的湍流强度的影响较大,在不同喷射压力下每种燃料的空化强度均呈现这样的规律。

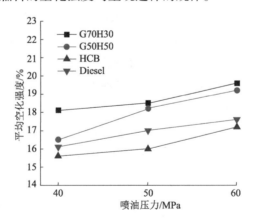

图 4.5　不同燃油平均空化强度

图 4.6 为 G70H30、G50H50、Diesel 和 HCB 在喷射压力 60 MPa 下不同喷油脉宽的平均空化强度对比。在相同的喷油脉宽的条件下,同样是由于运动黏度的差异,平均空化强度均表现为 G70H30>G50H50>Diesel>HCB。值得注意的是,对每种燃料而言,随着喷射脉宽的增加,喷油持续期延长,针阀升程

提升也较大。在针阀抬升高度较低的情况下,喷嘴内的流道空间较小,发生的湍流强度大,局部压力更容易降低到饱和蒸汽压以下,线空化现象更容易发生。当喷油脉宽从 1 700 μs 增加到 2 200 μs 时,每种燃油的平均空化强度有所减弱,这是由于针阀抬升超过喷孔与压力室交界处,燃油缠绕针阀流经压力室底部转入喷孔的涡旋强度减弱。此时直接流经喷孔的燃油主导了针阀升程较高阶段的线空化发展,喷孔中的线空化强度降低。

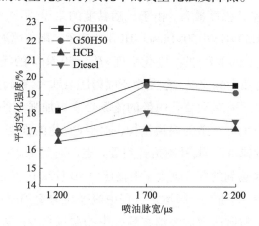

图 4.6   不同喷油脉宽下燃油的平均空化强度

4 种燃料的线空化强度会由于燃料物理性质的不同而有所差异,通过以上分析,4 种燃料在相同几何结构的喷孔中的流动形态和涡流结构非常接近,同时可以通过适量的掺混来影响线空化强度。通过对 G70H30 和 G50H50 两种燃油的发生线空化现象的对比可知,汽油可以通过掺混线空化强度较弱的加氢催化生物柴油(HCB)来减弱线空化强度。这种内部流动相似性和线空化强度的可控性为汽油与加氢催化生物柴油(HCB)的掺混燃料在 GCI 模式下的应用提供了可能。下面对 G70H30 燃油在各种工况下的流动特性进行分析比较。

4.2.2   不同针阀升程下不同燃油喷嘴内空化强度及喷雾特性

图 4.7 给出了 5 种不同掺混比例燃油在喷嘴内不同阶段的平均涡旋空化强度结果。其中,图 4.7a 是针阀升程 0 ~ 0.40 mm 范围内的平均涡旋空化,此阶段的涡旋空化起源于针阀阀座。从图中可以看出,5 种燃油中,G50D50 在喷嘴内的涡旋空化强度最强,其次是 G70D30 燃油和柴油,而 G70H30 和 G50H50 两种燃油的涡旋空化最弱。也就是说,G70D30 燃油和 G50D50 燃油

的平均涡旋空化强度都比纯柴油高。这意味着,在柴油中掺混一定比例的汽油是有助于增强喷嘴内的涡旋空化强度的,但是这种促进效果并不随着掺混汽油比例的增大而单调增长,G50D50 燃油在喷嘴内的多组试验都要比纯柴油和 G70D30 燃油的平均涡旋空化强度更高。掺混了汽油的混合燃油中涡旋空化强度高于纯柴油的原因可能是:当喷嘴内发生湍流并导致柴油组分发生一定程度的涡旋空化时,压力场和速度场的突变会促使汽油也随之发生相变,其中包括空化及闪沸。由于汽油的密度小于柴油,汽油发生相变产生的气泡和空化泡会叠加并附着在涡旋空化表面。因此,在低针阀升程时,汽油与柴油掺混的混合燃油在喷嘴内的空化强度要高于纯柴油。

而 G50D50 燃油在此阶段的平均涡旋空化强度高于 G70D30 燃油,这意味着 G50D50 燃油在喷嘴内产生涡旋空化的强度更强,持久时间更长,发生的次数更频繁。从图 4.7 中的 G70D30 燃油可视化结果中也观察到,由于汽油比例变大,喷孔内的涡旋空化形态非常的缥缈,空化核心区域颜色不深。推测出现这种现象的原因可能是汽油的密度小于柴油,且在喷射压力过高时易闪沸,导致在喷嘴内喷射时含汽油更高比例的燃油中发生空化时的稳定性差。但在 G50D50 燃油中有足够的柴油组分时,燃油中的柴油作为发生空化发展的介质维持着喷嘴内涡旋空化的稳定性,而后燃油中的汽油组分会在此基础上随之发生相变并附着在空化表面,因此此时的喷嘴内的涡旋空化不仅从空间层面上表现得很强烈,而且在时间层面上空化发生的时长也维持得很久。而汽油与生物柴油掺混的两种燃油 G70H30 和 G50H50 的平均涡旋空化强度都不高,这是由于掺混的生物柴油本身黏度较大,这对流体的流动状态有很大的影响,当喷嘴内的湍流较弱时就不易于发生空化。

图 4.7b 给出了 5 种燃油在针阀升程 0.40~0.73 mm 范围内的平均涡旋空化强度的对比结果。从图中可以看出,在高针阀升程时,柴油在喷嘴内的平均涡旋空化最强,其次是 G50D50 燃油和 G70D30 燃油,空化强度最弱的仍然是 G70H30 燃油和 G50H50 燃油。当针阀升程抬高后,喷嘴内孔与孔间的湍流强度减弱,因此这 5 种燃油在喷嘴内的涡旋空化强度均有下降趋势,但柴油的降幅较小,在喷射过程中空化强度基本保持稳定。G50D50 燃油的空化强度的降幅最大,针阀升程对其影响最为明显。而掺混了生物柴油的 G70H30 和 G50H50 燃油在高低针阀升程下,喷嘴内的涡旋空化强度都是最小的。这进一步验证了燃油中添加生物柴油对喷嘴内的空化发展有抑制作用。

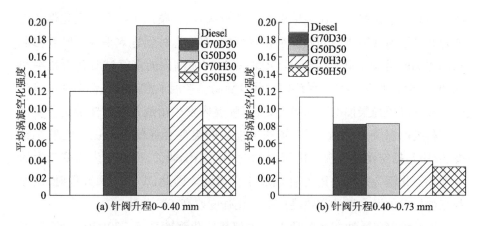

图4.7 5种燃油不同阶段的平均空化强度示意图

图4.8反映了5种不同掺混比例燃油在喷嘴内两个阶段的平均喷雾锥角大小。图4.8a展示了针阀升程0~0.40 mm范围内的平均喷雾锥角。从图中可以看出,在低针阀升程期间,G50D50燃油因其在喷嘴内超强的涡旋空化,导致其平均喷雾锥角达40°,远超过其他4种燃油的平均喷雾锥角;而柴油与G70D30燃油的平均喷雾锥角相差不多,G50H50与G70H30燃油的平均喷雾锥角均低于30°。图4.8b展示了针阀升程0.40~0.73 mm范围内的平均喷雾锥角。由于喷嘴内空化流动状态的转变,所有的燃油在此阶段的平均喷雾锥角与低针阀升程阶段相比都出现下降趋势。此阶段中G70D30燃油的平均喷雾锥角最小,减小幅度最大,喷雾极不稳定。而除了柴油之外,G70H30燃油的平均喷雾锥角减小幅度也较小,喷雾相对稳定。

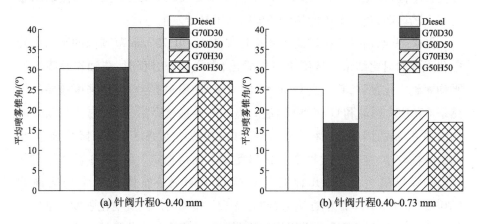

图4.8 5种燃油不同阶段的平均喷雾锥角示意图

4.3　不同掺混比例混合燃油喷雾燃烧特性

4.3.1　不同掺混比例混合燃油对喷雾液相长度的影响

喷雾特性直接决定了后续的燃烧特性,因此,研究混合燃油的喷雾特性对随后研究燃烧特性具有重要的指导意义。图 4.9 是通过高频背景光消光法测得的在不同环境工况下不同燃油喷雾液相随时间的发展曲线。通过燃油喷雾液相贯穿距的发展曲线可以看出,喷油器电磁阀通电后(ASOE)约 300 μs,燃油开始喷出,随后喷油迅速发展,在喷油后(after start of injection, ASOI)450 μs,也即 ASOE 为 750 μs,燃油喷雾向前贯穿达到一个稳定状态。对比 HCB、G50H50 和 G70H30 三种燃油的喷雾液相长度可以看出,HCB 的喷雾液相长度最长,G50H50 燃油次之,G70H30 燃油最短。这主要是因为,一方面汽油的馏程低于加氢催化生物柴油,这有助于加快混合燃油的蒸发速率;另一方面,汽油的密度小,喷出的混合燃油的质量流量较小,向前贯穿的惯性力也会较小。在这两个因素的共同作用下,混合燃油中汽油的比例越大,喷雾液相长度越短。图 4.9a 定量分析了 800 K、850 K 和 900 K 环境温度下 3 种燃油喷雾液相贯穿距随时间的发展,随着环境温度的升高,喷雾液相长度变短,这是因为燃油蒸发所需的热量主要来自从空气中卷吸的热量,燃油与空气的混合速率也影响着热交换速率,周围环境中空气的温度越高,燃油被卷吸的热量也就越多,越有利于燃油的蒸发。而对于不同的环境氧质量分数,燃油的喷雾液相长度几乎相同。

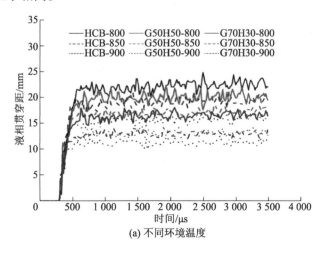

(a) 不同环境温度

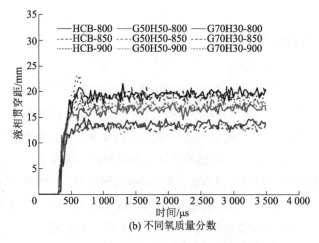

(b) 不同氧质量分数

图 4.9 3 种燃油喷雾液相的发展曲线

图 4.9 是使用高频背景光消光法获得的燃油液相贯穿距随时间的发展过程。首先根据瞬态发展过程中液相长度稳定不再增加的位置来确定喷雾液相长度,但由于存在碳烟辐射的干扰,其准确性值得商榷;随后使用了激光 Mie 散射技术来测量喷雾稳定状态下的液相长度,该方法虽然不能获得喷雾液相油束的瞬态发展,但对喷雾液相到稳定后的位置同样可以实现测量。图 4.10 是用伪彩色显示的不同温度下 3 种燃油的喷雾液相长度图片。图 4.11 给出了使用激光 Mie 散射方法获得的 3 种燃油喷雾液相长度的定量图,其中图 4.11a 是不同环境温度下 3 种燃油的喷雾液相长度,图 4.11b 是在不同氧质量分数下测得的数据。在不同环境温度下,激光 Mie 散射测得的数据与背景光消光法测得的喷雾液相数据具有一样的趋势。但随着氧质量分数的增大,其与背景光消光法所测得的喷雾液相数据结论不同,激光 Mie 散射测得的喷雾液相长度减小,这是因为氧质量分数增大,燃烧更为剧烈,整体的燃烧温度也会升高,这与前人的研究结果一致,即背景光消光法没能反映出环境氧质量分数对喷雾液相长度的影响,数据的准确度有限。

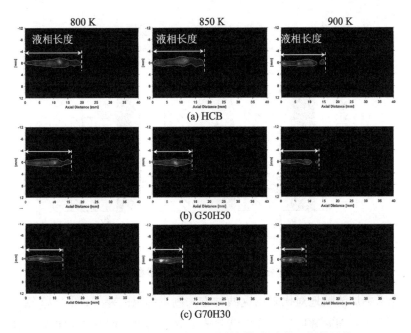

图 4.10　不同温度下 3 种燃油火焰浮起长度的可视化图片

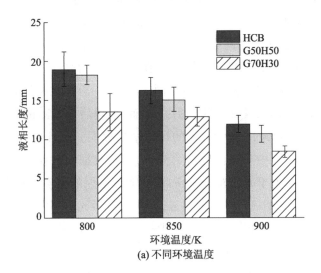

(a) 不同环境温度

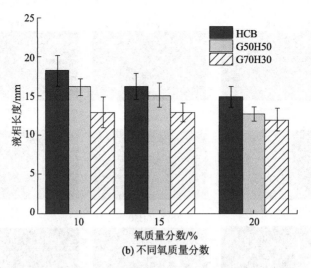

(b) 不同氧质量分数

图 4.11　喷雾液相长度随环境温度和氧质量分数的变化情况

　　为了更加清晰地对比采用这两种方法测量结果的差异,图 4.12 给出了不同工况下激光 Mie 散射法和高频背景光消光法得到的喷雾液相长度对比。图中,横坐标为激光 Mie 散射获得的液相长度,纵坐标为高频背景光消光法测得的液相长度,不同图标形状代表不同燃油,不同的颜色表示不同的工况。从图 4.12 中可以看出,使用高频背景光消光法测得的液相长度几乎都大于激光 Mie 散射法获得的液相长度。这是因为在采用高频背景光消光法时,相机捕捉的透射光和火焰自发辐射光并不是同一时刻,一方面在采用碳烟辐射光进行边界过滤碳烟时无法精确剔除,另一方面,采用后一时刻的碳烟辐射光代入公式计算时,I_f 较大,会导致 KL 的计算结果偏大。而且比尔-朗伯定律适用的是单色光,试验中利用白光作为光源,试验数据会有偏差。但是采用激光 Mie 散射法时,由于激光能量较高,液相 Mie 散射的强度也较大,相机捕获的液相散射光与碳烟辐射光存在明显区别,而且激光的高能量会将燃烧时所产生的碳烟颗粒加热升华掉,也会减少碳烟辐射所带来的影响。此外,试验还发现,在环境温度 800 K 和氧质量分数 10% 的工况下,两种方法测得的液相长度非常接近,这是因为在该工况下,碳烟与喷雾液相之间存在一定空间,能被很好地区分开。因此,虽然高频背景光消光法可以进行喷雾液相瞬态过程的测量,但对于燃烧条件下喷雾液相长度与着火燃烧特性关系的分析,喷雾液相长度的数据均采用了激光 Mie 散射法的测试结果。

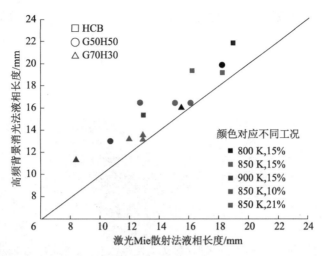

图 4.12　激光 Mie 散射法和高频背景光消光法得到的液相长度对比

4.3.2　不同掺混比例混合燃油对着火延迟期的影响

喷油开始到着火发生的这段时间为着火延迟期,在这段时间内燃油会经历一系列的物理化学变化,物理延迟主要包括燃油卷吸空气时的热传递、燃油吸收热量蒸发、燃油气相与空气的混合、可燃混合气吸收热量直到达到着火温度等过程。化学延迟主要包括大分子的裂解以及后续与空气的氧化反应,当剧烈的氧化反应发生时,燃烧也就开始。由于燃油与空气的热传递及油气混合相比化学反应较慢,一般认为,物理延迟在着火延迟期中占主导地位。

图 4.13 为 3 种不同混合燃油在喷射压力 80 MPa、环境温度 850 K、环境压力 5 MPa 和 15%氧质量分数环境下燃烧过程的对比。图 4.13 中展示了3 种燃油开始着火的过程,其中红色"+"表示喷嘴位置,绿线表示高温燃烧反应区边界。结果表明,随着混合燃油中 HCB 比例的减小,着火延迟期增大。这是因为汽油的十六烷值较低,较低的十六烷值也意味着燃油的着火温度较高,着火时间推迟,从而易于可燃混合气的形成。由图 4.13 中还可以看出,在混合 50%的 HCB 时,汽油的压燃着火性能大大改善;混合 30%的 HCB 时,汽油在该工况下也可以被压燃。这意味着汽油添加 HCB 后的混合燃油有潜力因提升后的着火性能而应用于压燃式发动机。另外,由于汽油燃料的馏程较低,蒸发性能较好,其可燃混合气易于形成,合适的燃油当量比的条件容易达到。燃烧会发生在油气当量比合适并且可燃混合气温度达到着火温度的位

置,高十六烷值的燃油着火温度较高,在达到自燃温度之前,部分混合气会扩散稀释,这有可能导致未燃碳氢化合物的增加。值得注意的是,较长的着火延迟期有利于减少碳烟排放,但也会导致预混燃烧期过长,压力升高率较大,从而导致爆震燃烧。因此,合适的着火延迟期需要综合考虑。

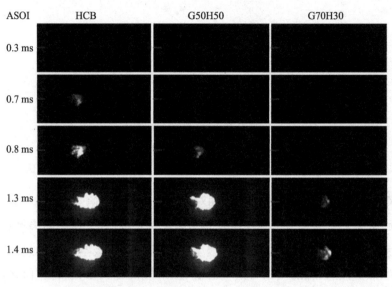

图 4.13　在环境温度 850 K、环境压力 5 MPa 和氧质量分数 15%的工况下采用化学发光法获得的图像

　　为进一步分析不同混合燃料在不同环境工况下着火特性,图 4.14 为不同混合燃料在不同环境温度和氧质量分数下的着火延迟期的定量结果。从图中可以看出,随着环境温度的升高和环境氧质量分数的增大,所有燃料的着火延迟期都会缩短。这是因为环境温度升高,燃油与空气热交换加快,易于形成可燃混合气,同时可燃混合气从环境中吸热的速率也会加快,能更快地达到燃油的自燃温度,着火延迟期也就相应地缩短。至于环境氧质量分数对着火延迟的影响,可以归结为高氧质量分数较大时趋近于燃烧化学计量比的混合物的快速形成,这也与前期研究中得到的结论一致。另外,本试验对每一工况都进行了 10 次试验,比较图中每个工况着火延迟期的标准差可以发现,混合燃料的着火延迟期的循环波动大于 HCB,而 G70H30 燃油的循环波动最大。其可能的原因是:一方面,汽油可燃混合气浓度分布的波动较大,对着火延迟的循环波动影响较大;另一方面,汽油黏度较小,润滑性能差,也会导致高压共轨系统的不稳定,进而影响最终结果。分析不同混合燃料在不同环境温度下的结果,从图 4.14a 中可以看出,HCB 从 30%增加至 50%时,着火延迟期均有显著减小,随着 HCB 的进一步增加,延迟期的缩短有限,而在环境温度相对较低的 800 K 时,这种影响趋势更为显著。分析不同混合燃料在不同氧质量分数下的结果,从图 4.14b 中可以看出,$w(O_2)$ 从 15%减小至 10%时,着火延迟期有较大幅度的增加,相比之下,$w(O_2)$ 增至 20%时,延迟期的变化有限。

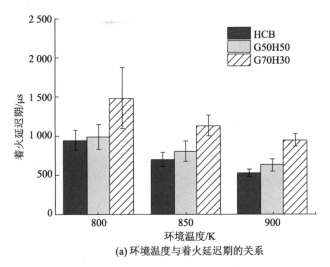

(a) 环境温度与着火延迟期的关系

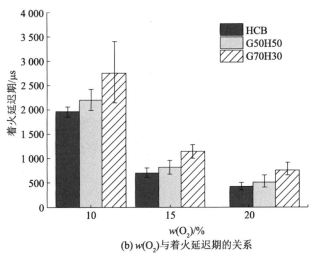

(b) $w(O_2)$ 与着火延迟期的关系

图 4.14　着火延迟期随环境温度和 $w(O_2)$ 的变化情况

4.3.3 不同掺混比例混合燃油对火焰浮起长度的影响

火焰浮起长度的大小决定着燃油卷吸空气量的多少,其与碳烟的产生有着密切的联系。图 4.15 给出了不同环境温度下 3 种燃油的火焰浮起长度的可视化图片,图中标注了火焰浮起长度的平均值。图 4.16 显示了火焰浮起长度随环境温度和氧质量分数的定量变化关系。由图 4.16 可知,随着环境温度的升高和氧质量分数的增大,火焰浮起长度会缩短,这是因为此时燃油的着火延迟期缩短,着火位置靠前,所以火焰浮起长度也相应缩短,这与 Persson 所发表的试验结果是一致的。从图 4.16 中还可以看出,在相同的环境工况下,随着混合燃油中汽油占比的增大,火焰浮起长度也会增大,这是由于混合燃油中汽油占比增大导致着火延迟期较长。上述现象可以通过以下机制来解释:着火发生后,会产生高温的燃烧产物,这些高温燃烧产物会迅速加热来自上游的燃油混合气,一旦混合气达到自燃温度,就会发生燃烧。燃烧发生后,火焰不断向上游扩散,由于混合气当量比的限制,火焰会稳定在某一个位置。因此,火焰浮起长度取决于反应物温度、着火温度以及周围燃烧产物温度,如图 4.17 所示,其中 T_a 是燃油自燃温度,T_r 表示反应物温度,T_p 是周围燃烧产物温度。反应物温度必须提高到自燃温度燃烧才能开始,较小的 ΔT_r 和较大的 ΔT_p 意味着未燃混合气需要较短时间与高温燃烧产物混合后来触发反应物的燃烧,使火焰达到稳定状态,这表明着火位置会靠前,这时 LOL 较短。随着汽油占比的增大,反应物的自燃温度 T_a 也会升高,ΔT_r 较大,LOL 较长。此外,提升汽油的比例会增加汽化潜热,这表明由于更多的能量被用于汽化,燃烧产物的热量将会减少,导致 ΔT_r 将会增加,可燃混合气的混合时间也会延长,火焰浮起长度将会增长。LOL 是燃料在高温反应开始前需要经过的距离,较长的 LOL 意味着更多的空气被吸入混合物中,在火焰浮起长度的上游区域将形成稀薄的混合物,这意味着增长 LOL 能够有效降低碳烟生成。

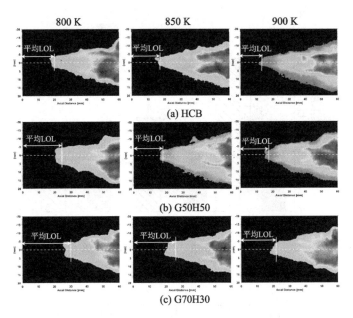

图 4.15　不同环境温度下 3 种燃油火焰浮起长度的可视化结果

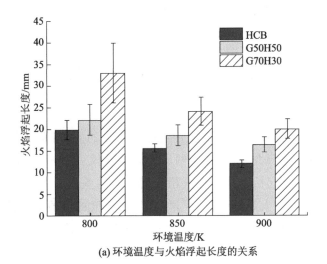

(a) 环境温度与火焰浮起长度的关系

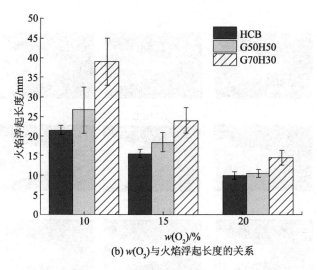

(b) $w(O_2)$ 与火焰浮起长度的关系

图 4.16   火焰浮起长度随环境温度和 $w(O_2)$ 的变化情况

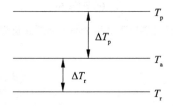

图 4.17   温度对火焰浮起长度的影响

4.3.4   油气混合程度

火焰浮起长度决定了燃油在上游卷吸空气量的多少,而喷雾液相长度也能表征燃油的蒸发特性,本书使用两者之间的差值(D-Value)来表征油气混合的程度。火焰浮起长度和喷雾液相长度之间的差值示例如图 4.18 所示。由图可以看出,如果火焰浮起长度与喷雾液相长度的差值为正值,则表示燃料在燃烧之前已经汽化,燃油与火焰之间存在着一段距离,经过这段距离,燃油混合得更为充分,有利于减少碳烟生成。而如果火焰浮起长度与喷雾液相长度的差值为负值,燃油液相前端则会被火焰包裹,这就出现了"火里喷油"的现象,这也代表着燃油的油气混合程度较差,对后续的碳烟性能会产生不利的影响。

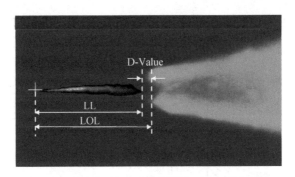

图 4.18　火焰浮起长度与液相长度的差值示意图

　　图 4.19 为不同燃油火焰浮起长度和液相长度之间的差值随环境温度和氧质量分数变化的关系。从图 4.19 中可以看出,对于纯 HCB,在 LT 和 LO 两个工况下,火焰浮起长度大于喷雾液相长度,其余工况下,火焰浮起长度均小于喷雾液相长度,这意味着燃油液相的头部会被火焰包围,阻碍燃油的雾化和蒸发,因而由 HCB 高达 100 的十六烷值所决定的非常短的着火延迟期使其很难获得好的喷雾混合,乃至好的燃烧,从而不适合直接用于发动机。但对于加氢催化生物柴油/汽油混合燃油,燃油火焰浮起长度基本大于喷雾液相长度,且在相同的环境条件下,随着混合燃油中 HCB 比例的减小,火焰浮起长度与喷雾液相长度之间的差值会增大。这是因为在相同条件下,汽油的火焰浮起长度更长,喷雾液相长度更短。这说明燃油液相与燃烧区之间没有直接的相互作用,可获得较好的燃烧过程。这也说明将 HCB 添加进汽油中可提升汽油的压燃着火性能,反之汽油的存在也使得 HCB 可实现在发动机上的应用。从图 4.19 中还可以看出,3 种燃油的火焰浮起长度和喷雾液相长度之间的差值随氧质量分数的增加而减小。这是因为氧质量分数对火焰浮起长度的影响程度大于对喷雾液相长度的影响程度。由于汽油的蒸发对温度极为敏感,因此温度对混合燃油喷雾液相长度的影响较大,温度对火焰浮起长度与喷雾液相长度差值的影响没有同样的规律。

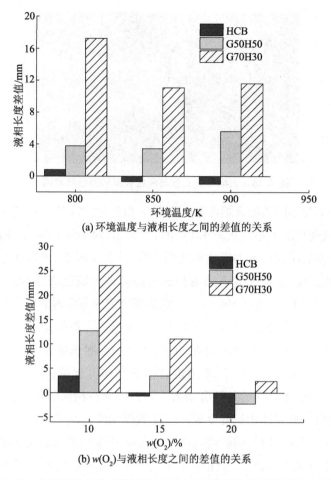

(a) 环境温度与液相长度之间的差值的关系

(b) $w(O_2)$ 与液相长度之间的差值的关系

图 4.19　火焰浮起长度与液相长度之间的差值随环境参数的变化情况

4.4　加氢催化生物柴油/汽油的燃烧特性

4.4.1　混合燃油着火延迟期

从上述分析可知,HCB 与汽油混合后显著改善了汽油的着火性能,而混合燃油能否高效应用到压燃式发动机上,则有必要将 G70H30 和 G50H50 混合燃油的喷雾燃烧特性与常规压燃式发动机所采用的柴油的喷雾燃烧特性进行对比分析。柴油机通常采用高压喷射来促进燃油雾化,减少碳烟产生,因此本试验中柴油喷雾燃烧特性的研究采用了当前常规的 150 MPa 喷油压力。对于汽油类燃料,较高的喷射压力会影响高压共轨系统的稳定性,引起较大的循环变动,但同时汽油因具有良好的蒸发特性,可获得较好的喷雾混合,从而喷射压力本身无需很高。因此,试验针对加氢催化生物柴油/汽油混合燃油采用了 80 MPa 的喷射压力,以期混合燃油在 80 MPa 喷油压力下能够获得比柴油 150 MPa 喷油压力下更好的喷雾燃烧和碳烟特性。

图 4.20 比较了 3 种燃油在不同环境工况下的着火延迟期。从图中可以看出,随着环境温度的升高,每种燃油的着火延迟期都逐渐减小,且在同样的环境温度下,G50H50 混合燃油的着火延迟期与柴油的较接近。这 3 种燃油在小氧质量分数下的着火延迟期有很大差别,随着氧质量分数的增大,柴油与混合燃油的着火延迟期越来越接近,这说明随着氧质量分数的变化,混合燃油着火延迟期的变化较大,由此可见汽油对氧质量分数的敏感性大于柴油,混合燃油很小的 EGR 率即有可能获得低温燃烧,获得低 NO_x 和碳烟排放。另外,对比 3 种燃油的循环波动发现,柴油在所有工况下,着火延迟期的波动均较小,燃烧稳定,而 G50H50 和 G70H30 混合燃油在低环境温度和小的氧质量分数的工况下,循环波动较大,特别是 G70H30 混合燃油,虽然在 800 K 环境温度和 10%氧质量分数下可以着火,但都有接近±500 μs 的波动。结果表明,混合燃料的燃烧不稳定性较大,这也意味着混合燃料不适合使用高比例的 EGR。

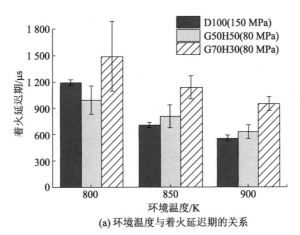

(a) 环境温度与着火延迟期的关系

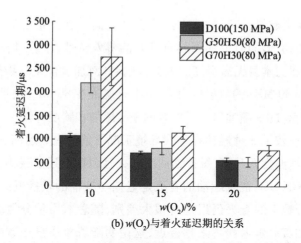

(b) $w(O_2)$ 与着火延迟期的关系

图 4.20   着火延迟期随环境温度和氧质量分数的变化情况

4.4.2   混合燃油喷雾液相长度和火焰浮起长度

图 4.21 给出了混合燃油和柴油火焰浮起长度与喷雾液相长度以及两者之间差值在不同环境工况下的分布特性。图中,实线代表火焰浮起长度,虚线代表喷雾液相长度,柱状图表示火焰浮起长度与喷雾液相长度之间的差值。本书使用火焰浮起长度与喷雾液相长度之间的差值表征油气的混合程度,也是后续碳烟分析的重要参数。从图 4.21 中可以看出,G70H30 混合燃油的 D-Value 最大,而 G50H50 混合燃油的 D-Value 则略大于柴油。在氧质量分数为 21% 时,柴油和 G50H50 混合燃油的火焰浮起长度小于喷雾液相长度,燃油液相会被火焰包裹,燃油蒸发后,还未与空气充分混合就迅速被火焰点燃,即会出现"火中喷油"的现象,但 G70H30 混合燃油的火焰浮起长度始终大于喷雾液相长度,这意味着燃油的蒸发混合较好,对后续的碳烟排放有利。

与柴油相比,混合燃油因喷油压力较低,故在不同环境工况下的喷雾液相长度均小于柴油,且存在较大差异,但因汽油的着火延迟期长,混合燃油着火燃烧后的火焰浮起长度的差异已大大减小,G70H30 混合燃油的火焰浮起长度甚至与柴油相近,而 G50H50 混合燃油则与柴油有相近的 D-Value 值,表现出相近的油蒸汽与空气的混合空间。因此,虽然混合燃油的喷油压力较低,但依然获得了与柴油相近的燃烧火焰空间分布,而 G70H30 混合燃油则因较大的 D-Value 值,在可靠的着火条件下,由于油气的充分混合,有望获得更加优越的燃烧特性。

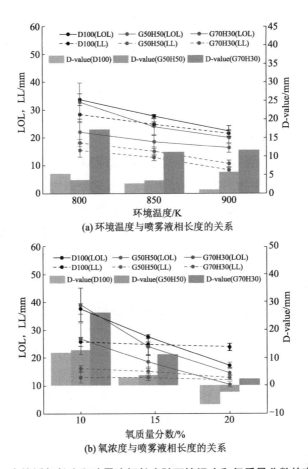

(a) 环境温度与喷雾液相长度的关系

(b) 氧浓度与喷雾液相长度的关系

图 4.21　火焰浮起长度和喷雾液相长度随环境温度和氧质量分数的变化情况

4.5　加氢催化生物柴油/汽油的碳烟特性

4.5.1　碳烟辐射光直接测量碳烟

如第 2 章对测试方法的介绍,此处采用辐射光直接测量法对燃油喷雾燃烧后碳烟在空间的瞬态分布进行测量,采用 IXT 图可同时给出燃烧碳烟的时空分布特性。图 4.22 和图 4.23 为三种燃油在不同温度和氧质量分数下碳烟辐射光的 IXT 图。

IXT 图中通过碳烟辐射亮度值的大小可定性分析碳烟的生成特性,图中以颜色的深浅表示碳烟辐射光的强弱。从图中可以直观地看出,柴油生成的碳烟明显多于加氢催化生物柴油与汽油混合燃油。如第3章的分析,加氢催化生物柴油与汽油的混合燃油着火延迟期较长,增加了燃油与空气的混合时间,同时混合燃油的火焰浮起长度与喷雾液相长度之间的差值较大,意味着燃油吸热蒸发后会有更大的空间与空气接触混合,这有利于形成稀薄混合气,从而减少碳烟生成。与柴油相比,低辛烷值的汽油类燃油燃烧在碳烟排放方面有着巨大的优势。

图4.22a是三种燃油在不同环境温度下的IXT图。从图中可以看出,随着环境温度的增加,碳烟的生成量呈上升趋势,这是因为随着温度的上升,着火延迟期会减少,火焰浮起长度也减少,同时表征油气混合程度的D-Value值也会减小,油气混合程度差,燃油当量比升高,会产生较多的碳烟。从图中还可以看出,在800 K的环境温度下,G70H30混合燃油可以被压燃,同时又有较好的燃烧表现,碳烟辐射强度整体偏低。

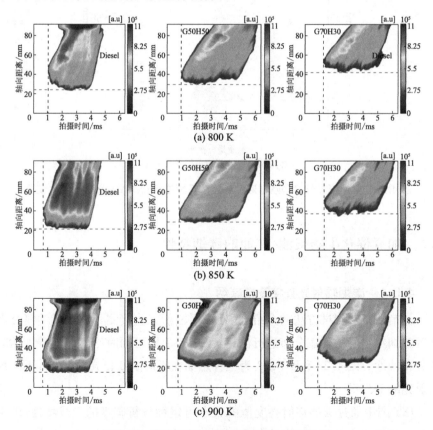

图4.22　不同环境温度下三种燃油的IXT图

图 4.23 是三种燃油在不同氧质量分数下的 IXT 图,试验中用不同氧质量分数代表柴油机中不同程度的 EGR 率。从图中可以看出,随着环境中氧质量分数的增大,柴油的碳烟辐射光也增加,这是因为氧质量分数的增大,着火延迟期和火焰浮起长度会减小,从而使得碳烟排放量增多。从图中还发现,G50H50 和 G70H30 混合燃油在大比例 EGR(即 10%氧质量分数)下的燃烧情况都不怎么理想,这主要是因为氧含量过低,燃烧困难,燃烧效率低的同时还可能会生成过多的未燃碳氢。这两种混合燃油在无 EGR(纯空气)条件下的燃烧及碳烟生成与柴油相比更为突出,这表明混合燃油可以不采用大比例 EGR,甚至在不使用 EGR 的情况下也可以获得良好的碳烟特性。这部分试验为混合燃油在 EGR 的选择上提供了理论指导。

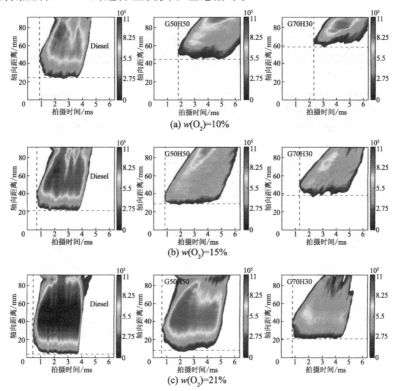

图 4.23　不同环境参数下三种燃油的 IXT 图

4.5.2　高频背景光消光法测量碳烟

(1) 火焰中碳烟浓度发展过程

通过上述的定性对比研究发现,加氢催化生物柴油与汽油混合燃油相比柴油,即使在大约降低 50% 的喷射压力下,混合燃油的碳烟生成量也低于柴油。为了更加深入了解加氢催化生物柴油的添加对混合燃油碳烟生成特性的影响规律及对碳烟浓度发展过程的影响,为后续发动机台架试验提供理论支撑,本节采用高频背景光消光法开展了 HCB、G50H50 和 G70H30 三种燃油碳烟生成特性的研究。图 4.24 给出了在喷油压力 80 MPa、环境温度 850 K、氧质量分数 15%、环境压力 5 MPa 的条件下三种燃油的碳烟浓度的发展过程,包含了碳烟的产生、发展、消失过程。

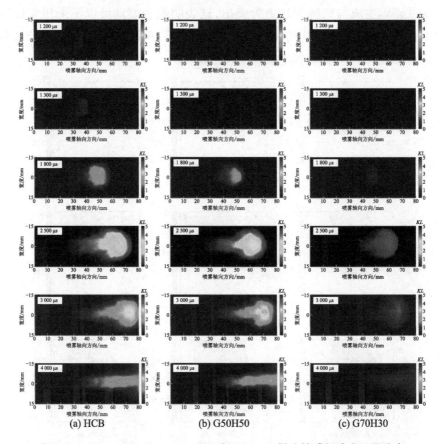

(a) HCB　　　　　　　(b) G50H50　　　　　　　(c) G70H30

图 4.24　BA 工况下 HCB、G50H50 和 G70H30 燃油的碳烟浓度云图分布

从图 4.24 中可以看出,对于 HCB、G50H50 和 G70H30 三种燃油,其碳烟初始时刻分别在 ASOE 1 200 μs、1 300 μs 和 1 800 μs,这说明随着混合燃油中加氢催化生物柴油添加比例的减少,汽油含量有所增加,碳烟初始出现时刻滞后。此外,在整个碳烟发展过程中,G70H30 混合燃油的碳烟 KL 浓度最低,说明 G70H30 混合燃油的碳烟生成量最少。这是因为随着汽油掺混比例的增加,着火延迟期会延长,而着火延迟期会改变扩散火焰中的油气混合质量,从而影响整个燃烧过程;同时,较长的着火延迟期意味着更大比例的预混燃烧和更小比例的扩散燃烧,油气混合过程中的卷吸空气量也会大大增加,这样会减少碳烟生成。此外,十六烷值较小的燃油裂解速率稍慢,也会减少碳烟前驱物的生成。从图 4.24 中还发现,ASOE 在 1 200～3 000 μs 这段时间内,燃烧过程中均出现类似"纺锤"的形状,这是燃烧始点径向扩散的结果,碳烟浓度主要集中在"纺锤"中心,越往外围碳烟接触到的空气越多,氧化作用也会增强,而在中心碳烟因接触的空气较少则会出现碳烟浓度增加的现象。在 ASOE 4 000 μs 的碳烟浓度云图中,"纺锤"形状消失,由于惯性作用"纺锤"形状的碳烟已经超出可视化范围。从图 4.24 中还可以看出,在 ASOE 2 000 μs 时,碳烟前端位置相对稳定,不再向前扩散。这是因为当燃油向下的贯穿动量与火焰的扩散速度达到稳定时,扩散火焰锋面会处于一个相对稳定的位置,由扩散燃烧产生的碳烟也会在向上游发展的过程中达到一个稳定状态。

（2）碳烟初始时刻和初始位置的确定

碳烟初始时刻和初始位置可反映碳烟的生成时间和位置特征。图 4.25 给出了 850 K 环境温度、15% 环境氧质量分数、5 MPa 环境压力下,不同时刻 HCB、G50H50 和 G70H30 三种燃油的碳烟 KL 值沿喷雾轴向的分布特性。从图 4.25a 中可以看出,对于 HCB,在 ASOE 1 200 μs 时,KL 值出现,说明碳烟从此时开始产生,这个时刻定义为碳烟的初始时刻,此时碳烟上游距喷嘴 26 mm 左右,在随后很短的时间内,碳烟 KL 曲线的起点会向喷嘴端移动,并最终稳定在一个固定位置,这个稳定位置距离喷嘴的距离定义为碳烟的初始位置,这个初始位置是燃油与空气混合速率和燃烧反应速率共同作用的结果。从图中还可以看出,随着时间的推移,KL 曲线的峰值向前发展,这个峰值表示的是"纺锤"。G50H50 和 G70H30 混合燃油的 KL 曲线发展也有同样的趋势,但是其碳烟的初始时间和初始位置有一定的差别。在碳烟初始位置达到稳定后,为保证碳烟尽可能多地落在可视化视窗之内,选择 ASOE 3 000 μs 进行稳态分析。

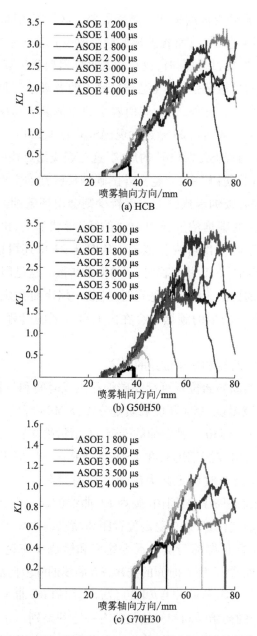

图 4.25　不同时刻 HCB、G50H50 和 G70H30 燃油沿喷雾轴向的 *KL* 发展曲线

（3）碳烟初始时刻和初始位置的分析

在不同环境温度和氧质量分数下，针对四种燃油进行碳烟初始时刻和初始位置的对比分析，如图 4.26 所示，图中柱状图表示碳烟初始位置，折线图表示碳烟初始时间。从图中可以看出,随着汽油中加氢催化生物柴油掺混比例的增加,燃油的碳烟初始时刻提前,初始位置靠前。对比着火延迟期的数据可以发现,在着火发生后的 200~300 μs 碳烟开始产生,这主要是因为进行预混燃烧时油气已经进行了很好的混合,此时几乎没有碳烟产生,随后火焰向上游扩散,扩散燃烧开始,碳烟大量产生,碳烟初始时刻和着火延迟期呈正相关关系,所以随着燃油中加氢催化生物柴油比例的增加,着火延迟期会缩短,碳烟的初始时刻就会提前。同样,碳烟的初始位置也和火焰浮起长度有着密不可分的关系,火焰浮起长度可以理解为扩散燃烧稳定的位置,所以产生于扩散燃烧的碳烟也会在某个位置稳定。对比混合燃油与柴油的数据可以发现,柴油的碳烟初始时刻和初始位置均低于混合燃油的,即柴油着火燃烧会更早出现碳烟,碳烟出现的位置会距离喷嘴更近,这意味着碳烟在空间的分布区域会更大。

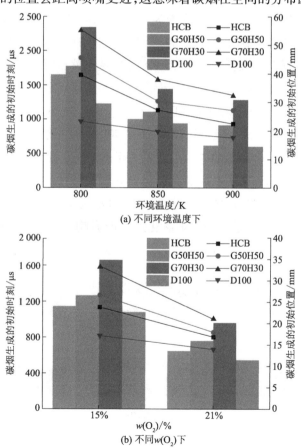

图 4.26　四种燃油燃烧火焰中碳烟生成的初始时刻和初始位置

（4）稳定后的碳烟 *KL* 值和浓度分布分析

① 碳烟浓度分布。

根据前面的分析，在碳烟初始位置达到稳定后，为保证碳烟尽可能多地落在可视化视窗之内，选择 ASOE 3 000 μs 进行瞬态分析。图 4.27 是不同环境温度下四种燃油在 ASOE 3 000 μs（ASOI 2 700 μs）的碳烟浓度分布。环境氧质量分数为 15%，环境压力为 5 MPa。火焰浮起长度能够代表火焰卷吸空气量的多少，影响可燃混合气的形成，影响碳烟的产生。随着汽油中掺混加氢催化生物柴油比例的增加，燃油的碳烟浓度也增加。这是因为随着混合燃油中加氢催化生物柴油比例的增加，着火延迟期会缩短，油气混合的时间会增长，同时火焰浮起长度会增大，表征油气混合程度的火焰浮起长度与喷雾液相长度的差值也在增大，从而碳烟生成量减少。同时对比混合燃油与柴油的碳烟浓度分布，因为柴油喷射压力为 150 MPa，而其他三种燃油的喷射压力为 80 MPa，所以除了柴油，其他三种燃油的碳烟浓度分布均呈现出一种"纺锤"结构分布，横向扩散更多，而相对来说，在混合燃油"纺锤"中心的碳烟浓度较高。柴油的高浓度碳烟区集中于轴线上，高浓度区较多，特别是在 900 K 的工况下更为明显，柴油局部缺氧区域比较多。整体来说，在 800 K 的工况下柴油与混合燃油的碳烟生成量均较小，而在 900 K 的工况下柴油、加氢催化生物柴油、G50H50 混合柴油的碳烟生成量大于 G70H30 混合柴油，在大负荷高温环境下，小比例 HCB 掺混燃油有更优异的碳烟特性。根据 Pickett 等的研究结果，碳烟初始位置与火焰浮起长度之间的差值与碳烟生成量呈负相关关系，由于受到碳烟生成过程和碳烟氧化过程的影响，火焰中碳烟高浓度区分布在火焰中心。这个结论与本试验的结论一致。

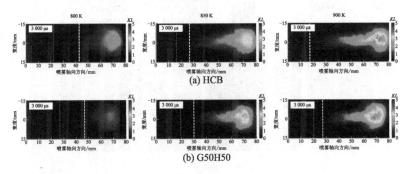

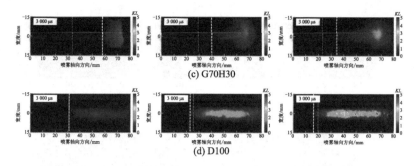

图 4.27　不同环境温度下四种燃油在稳态时刻的碳烟分布

图 4.28 是不同环境温度下四种燃油在 ASOE 3 000 μs(ASOI 2 700 μs)时刻的碳烟浓度分布。因为在 10%氧质量分数条件下,G50H50 和 G70H30 混合燃油的碳烟大部分处于视窗之外。为了方便研究,选取 15%和 21%氧质量分数的工况进行对比。研究发现,在不同氧质量分数下,随着混合燃油中加氢催化生物柴油比例的增加,碳烟浓度也增加。在 21%氧质量分数(不使用 EGR)工况下,柴油出现多处碳烟浓度较大的区域,碳烟浓度大于混合燃油,而在 15%氧质量分数(小比例 EGR)工况下,柴油的峰值浓度大于 G50H50 混合燃油却小于 G70H30 混合燃油,从燃油的燃烧特性得出,柴油与 G50H50 混合燃油在 15%氧质量分数工况下的着火延迟期相近,同时 D-Value 值相差不大,所以两种燃油的碳烟生成量也比较接近。

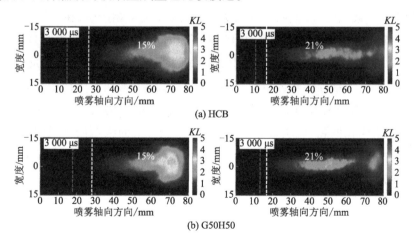

117

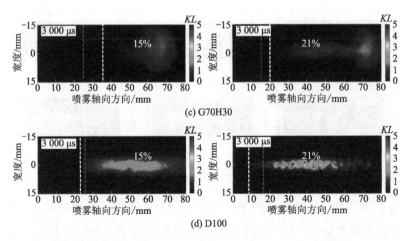

图 4.28   不同氧质量分数下四种燃油在稳态时刻的碳烟分布

② 喷雾轴向 KL 值分析。

为了减少燃烧不稳定的误差,选取喷雾轴线处径向上±2 mm 范围内的 KL 值进行纵向平均。图 4.29 给出了不同环境温度(800 K,850 K,900 K)和氧质量分数(15%,21%)下喷雾轴线上的 KL 曲线分布。对比四种燃油发现,G70H30 混合燃油的 KL 值均低于其他燃油,这代表其碳烟生成量是最少的。在 BA,HT,HO 工况下,G50H50 混合燃油和 HCB 的 KL 发展曲线大部分重合,说明在高温环境和氧质量分数较大的工况下,G50H50 混合燃油也有大量的碳烟产生。柴油的 KL 曲线波动较大,局部有大量碳烟产生,在 HT 和 HO 工况下碳烟浓度峰值均超过了 G50H50 和 G70H30 混合燃油,这主要是因为在高温、氧质量分数较大的工况下,柴油火焰浮起长度与喷雾液相长度的差值为负值,油气混合程度较差,所以局部当量比过高,碳烟易于产生。而在 BA 和 LT 工况下,柴油 KL 峰值低于 G50H50 混合燃油,但仍然高于 G70H30 混合燃油,这表明在低温、氧质量分数较小的工况下,柴油碳烟的生成明显改善,使用高喷射压力的碳烟生成量少于 G50H50 混合燃油,但仍然高于 G70H30 混合燃油。

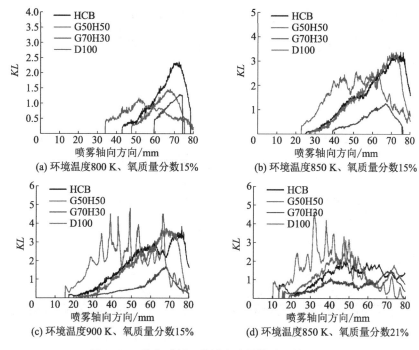

(a) 环境温度800 K、氧质量分数15%

(b) 环境温度850 K、氧质量分数15%

(c) 环境温度900 K、氧质量分数15%

(d) 环境温度850 K、氧质量分数21%

图 4.29 稳态时刻四种燃油喷雾轴线上的 *KL* 值

③ 碳烟质量和面积瞬态特性。

本书定量分析碳烟随时间发展的变化关系及碳烟的分布区域获得碳烟质量分布,根据像素点数获得碳烟面积分布。图 4.30 给出了不同环境工况下四种燃油在视窗范围内碳烟总质量和碳烟面积随时间的发展变化曲线。在碳烟质量发展曲线中,碳烟生成后,碳烟质量快速增加,迅速到达第一个峰值,对比碳烟面积曲线,也出现了第一个峰值,可以得到产生第一个峰值的原因主要是着火发生后,火焰会迅速向四周的预混合气扩散,呈现一种"纺锤"的形状,由于此时预混合气密度大,面积广,火焰传播速度快,碳烟生成的面积较大。而火焰中心区域的燃油当量比较大,碳烟生成量多,又缺少氧化物质,难以被氧化,碳烟大量堆积,碳烟浓度较大,所以碳烟质量急速增加。在大量预混气快速燃烧结束后,主要进行的就是向上游传播的扩散燃烧,此时边喷油边混合油气边燃烧,碳烟的生成速率较慢,同时前端大量生成的碳烟会逐渐被氧化,此时碳烟的总质量有所减小。碳烟质量曲线下降后,会进入一个平缓的状态,这是因为碳烟生成速率和碳烟氧化速率达到了一个平衡。

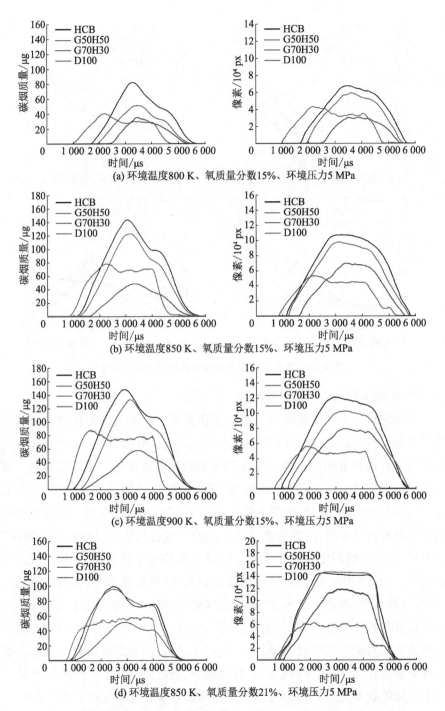

(a) 环境温度800 K、氧质量分数15%、环境压力5 MPa

(b) 环境温度850 K、氧质量分数15%、环境压力5 MPa

(c) 环境温度900 K、氧质量分数15%、环境压力5 MPa

(d) 环境温度850 K、氧质量分数21%、环境压力5 MPa

图4.30 不同环境下视窗范围内的碳烟质量(左)和像素点数总和(右)

在同一工况下,HCB 的碳烟总量大于 G50H50 和 G70H30 混合燃油,只有在 21%氧质量分数的情况下,HCB 的碳烟总量与 G50H50 混合燃油接近,碳烟生成面积也有相同的结论。这是因为汽油比生物柴油有着出色的雾化性能,并且其着火温度较高,有较长的滞燃期,能够形成优质混合气,有利于减少碳烟的产生。在 800 K 环境温度工况下,G70H30 混合燃油的碳烟初始时间过长,持续时间较短,这意味着会有大量未燃的碳氢化合物产生,燃烧效率较低,在这个工况下,G50H50 混合燃油在减小碳烟质量的同时也能保证一定的燃烧效率,对比 150 MPa 的柴油数据,碳烟质量略大,但 G50H50 混合燃油采用的喷油压力只有 80 MPa,仍有很大的提升空间。而对于 900 K 环境温度和 21%氧质量分数的工况,G50H50 混合燃油减少的碳烟生成量比较有限,G70H30 混合燃油在这种工况下的碳烟总量减少明显,同时对比采用 150 MPa 喷油压力的柴油的碳烟生成数据,也表现出非常好的碳烟排放特性。

对比不同环境参数下同一种燃油的碳烟生成量发现,碳烟生成量随着环境温度的增加而增大,在环境温度较低时,燃油燃烧时的火焰温度降低,化学反应速率降低,从而直接降低碳烟的生成速率,同时,火焰传播速度变慢,碳烟初始位置靠后。但随着环境温度的增加,化学反应速率加快,火焰温度急速升高,碳烟的生成速率加快。随着环境氧质量分数的增大,火焰燃烧温度升高,碳烟生成量增加,但由于氧质量分数越大越易于形成优质混合气,同时碳烟也容易氧化,所以碳烟总量随着环境氧质量分数的增大而减少。

4.6　加氢催化生物柴油/汽油发动机燃烧排放性能

通过前述的基础研究发现,汽油中掺混加氢催化生物柴油具有较好的喷雾着火性能,且其用在高压共轨系统中没有出现任何问题,这说明加氢催化生物柴油/汽油混合燃料具有应用到直喷压燃发动机中的可行性,但关于应用到发动机中的加氢催化生物柴油/汽油的掺混比例以及燃油喷射策略等都不清晰。因此,本节主要对一台四缸两气门、增压中冷、电控高压共轨柴油机原型机进行一系列改装,将第四缸作为试验缸,使其拥有独立的进排气系统及独立的电控高压共轨系统,可方便、灵活地控制第四缸的燃油种类及燃油喷射策略。

4.6.1 不同掺混比例对燃烧排放特性的影响

（1）不同掺混比例对燃烧特性的影响

图 4.31 为 G80H20、G70H30 和 G60H40 三种混合燃油在不同负荷下的缸压及放热率。从图中可以发现，随着汽油中掺混加氢催化生物柴油比例的增加，着火延迟期变短，且燃烧时间向上止点附近靠拢，这主要是因为混合燃油中十六烷值的增加使得着火延迟期缩短。在低负荷（IMEP = 200 kPa）时，G80H20 混合燃油有最低的缸压和放热率，而当负荷升高后，G80H20 混合燃油的最大缸压和放热率都要高于 G70H30 和 G60H40 混合燃油，这主要是因为在低负荷时总的燃油比高负荷时少，且 G80H20 混合燃油有较长的着火延迟期，这样会导致更多的燃油在膨胀冲程燃烧，使放热率较低；而在大负荷时，由于 G80H20 混合燃油有较长的着火延迟期和较短的燃烧持续期，大部分燃油会在短时间内燃烧放热，这样会导致较高的缸压和放热率。此外，根据试验发现，三种混合燃油在低负荷条件下也不存在着火困难的难题，这说明三种混合燃油都能解决 GDCI 燃烧中的低温冷启动困难的问题。

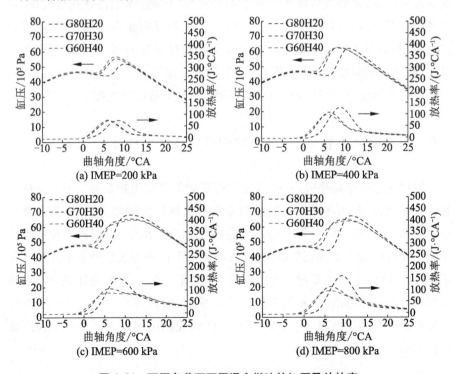

图 4.31　不同负荷下不同混合燃油的缸压及放热率

　　着火延迟期和燃烧持续期直接决定着发动机的动力性、燃烧特性和排放特性,因此非常有必要对混合燃油的着火特性和燃烧持续期进行研究。图 4.32 为不同负荷下三种混合燃油着火延迟期和燃烧持续期的分布。从图中可以发现,G80H20 混合燃油的着火延迟期最长,且燃烧持续期最短,这说明 G80H20 混合燃油的燃烧主要发生在预混燃烧期。从图中还可以发现,当 IMEP 小于等于 500 kPa 时,G70H30 混合燃油的燃烧持续期长于 G60H40 混合燃油。这主要是因为这两种混合燃油的着火延迟期差别不大,且加氢催化生物柴油的添加会加快混合燃油的燃烧速率。上述研究表明,G70H30 混合燃油能降低最高燃烧温度,可以将其工作范围拓宽到高负荷区。

　　为了更加深入分析不同混合燃油燃烧特性的异同,图 4.33 对比分析了不同混合燃油的燃烧相位和最大压力升高率。

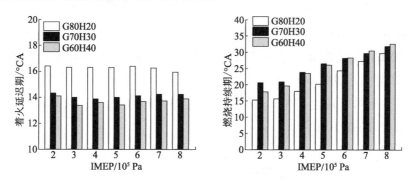

图 4.32　不同负荷下不同混合燃油的着火延迟期和燃烧持续期

　　由图 4.33 中可以发现,在低负荷条件下,燃烧相位会随着加氢催化生物柴油比例的增加而提前,但在大负荷条件下,其会呈现相反的发展趋势,在 IMEP 小于 600 kPa 时,G80H20 混合燃油的燃烧相位基本差别不大。这是因为在低负荷条件下,G80H20 混合燃油的着火延迟期较长,使得燃烧相位延迟,这也将导致较低的燃烧热效率。而在高负荷条件下,加氢催化生物柴油掺混比例越高,燃烧相位距上止点越远,这也说明了更多的燃油将会在膨胀冲程燃烧,也将会导致更低的热效率。从图 4.33 中还可以发现,三种混合燃油的最大压力升高率存在差异。对于 G80H20 混合燃油,其最大压力升高率在低负荷条件下最小,而在高负荷条件下,其最大压力升高率要高于 G70H30 和 G60H40 混合燃油。这主要是因为在低负荷条件下,G80H20 混合燃油的着火延迟期长且缸压小,而在大负荷条件下,其大比例汽油燃烧时间短于加氢催化生物柴油,且更多的燃油会在预混燃烧期内燃烧和急剧放热,这都将导致压力急剧增大。对于 G60H40 混合燃油,在全负荷工况条件下,其压力升高率都小于 15×10^5 Pa/°CA。

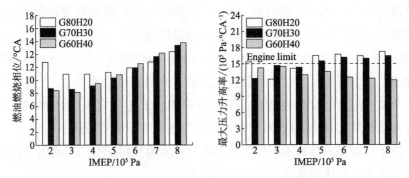

图 4.33 不同负荷下不同混合燃油的燃烧相位(CA50)和最大压力升高率

图 4.34 为不同负荷下三种混合燃油的指示热效率。当 IMEP ≤ 500 kPa 时,G70H30 混合燃油的指示热效率高于 G80H20 和 G60H40 混合燃油,而 G80H20 混合燃油在 600,700,800 kPa 时,其热效率最高,且混合燃油的最高指示热效率可以高达 47%。这说明从燃烧特性的角度出发,G70H30 混合燃油具有很好的应用前景。

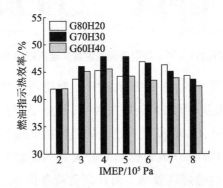

图 4.34 不同负荷下三种混合燃油的指示热效率

(2) 不同掺混比例对排放特性的影响

图 4.35 为不同负荷下三种混合燃油的 NO_x 排放特性。由图中可以发现,混合燃油中加氢催化生物柴油的添加会导致 NO_x 排放物的减少,这主要是因为预混燃烧持续期的缩短会使得燃烧温度和放热率降低,此外,由于加氢催化生物柴油中不含氧元素也将导致 NO_x 排放降低。但是当 IMEP = 200 kPa

时,NO$_x$ 排放会随着加氢催化生物柴油掺混比例的增加而增加,这主要是因为在低负荷条件下,缸内燃烧温度随着加氢催化生物柴油的增加而增加。

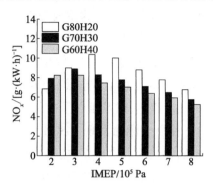

图 4.35　不同负荷下三种混合燃油的 NO$_x$ 排放特性

　　图 4.36 为总的碳烟颗粒数目分布随负荷变化的情况。由图可知,颗粒物排放随着负荷的增加而加大,且随着加氢催化生物柴油掺混比例的增加而增加。这是因为对于 G60H40 和 G70H30 混合燃油而言,首先,由于其燃油与空气混合时间短,大部分燃油燃烧发生在扩散燃烧期,这使得颗粒物排放增加;其次,较高比例的加氢催化生物柴油使得碳含量较高,最终使得颗粒物排放增加;最后,较高比例的汽油具有较低的黏度和汽化温度,使得混合燃油的蒸发汽化较快,促进了燃油雾化蒸发,这也使得 G80H20 混合燃油颗粒物排放较低。值得指出的是,在 IMEP 等于 200 kPa 和 300 kPa 时,G70H30 混合燃油的颗粒物排放高于 G60H40 混合燃油,这是因为 G70H30 混合燃油的燃烧持续期更长,而着火延迟期两种燃油相差不多,使得 G70H30 混合燃油具有更长的扩散燃烧期。

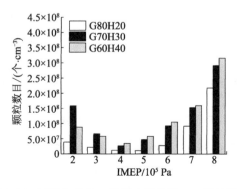

图 4.36　不同负荷下三种混合燃油的 PM 排放特性

图 4.37 展示了不同负荷下三种混合燃油的核膜态与积聚态数目浓度分布。从图中可以发现,随着负荷的增加,颗粒物排放从核膜态向积聚态转变,且在低负荷条件下,核膜态数目占主导。这主要是因为核膜态主要由未完全燃烧燃油、润滑油和半挥发性成分产生的部分燃烧产物构成,而积聚态颗粒主要是由局部富燃料产生,在低负荷条件下,较少的燃油和较低的燃烧温度导致燃烧不完全,使得核膜态颗粒物生成较多。而在高负荷条件下,较高燃烧温度增加了聚集速率、蒸发速率,以及延长了扩散燃烧期,这都导致了积聚态颗粒物的生成。对比三种混合燃油发现,G80H20 混合燃油的颗粒物排放最低,这是因为该混合燃油的汽油占比最多,使得该燃油的喷雾、蒸发和燃烧更好,最终导致其颗粒物排放最低。而 G70H30 混合燃油在 IMEP = 200 kPa 时其核膜态生成量较大,这主要是由 G70H30 混合燃油在该条件下的燃烧持续期最长,且低负荷燃烧不充分所致。

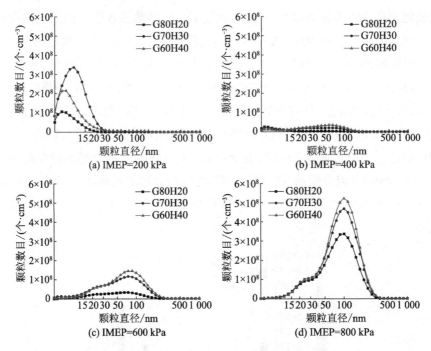

图 4.37　不同负荷下三种混合燃油的颗粒物尺寸大小分布

图 4.38 为不同负荷下三种混合燃油的 CO 和 HC 排放。由图可知,G80H20 混合燃油的 CO 和 HC 排放高于其余两种混合燃油,这是因为G80H20 混合燃油的较长着火延迟期使得燃烧不稳定和燃烧不完全。此外,

加氢催化生物柴油中 C/H 比较小,因此,加氢催化生物柴油掺混比例越高,CO 和 HC 排放越低。

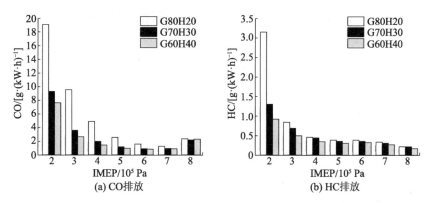

图 4.38　不同负荷下三种混合燃油的 CO 和 HC 排放

4.6.2　不同喷射策略对燃烧排放特性的影响

通过上述单次喷油试验分析发现,三种混合燃油都能实现 GDCI 燃烧且无需其他辅助措施,但是对于三种混合燃油都或多或少存在压力升高率过高、某些工况指示热效率偏低及排放偏高等问题。因此,本节拟从燃油喷射策略的角度出发优化三种混合燃油的动力性、燃烧特性和排放性。

（1）不同预喷比和不同预喷时刻对燃烧特性的影响

图 4.39 为三种混合燃油在不同预喷比和不同预喷时刻下的缸压和放热率。由图可知,随着预喷比例的增加,放热会呈现两阶段放热,此外,随着预喷比例的增加,缸压也逐渐增加,但最大放热率减小,这说明多段喷射有助于缓解集中放热问题。从图 4.39b 中可以发现,预喷角在-50°时,预喷放热明显,这说明在该喷油时刻,三种混合燃油的着火特性较好。

图 4.40 为三种混合燃油在不同预喷比下的燃烧相位和最大压力升高率。从图中可以看出,随着预喷燃油比的增加,燃烧相位向上止点附近移动,这说明随着预喷燃油比例的增加,燃烧效率会提高,但从压力升高率随着预喷比的增加呈现不同的发展趋势,整体在低的预喷比例下,最大压力升高率较低并满足设计要求。对于三种混合燃油,当综合燃烧相位和压力升高率在预喷比为 30%,预喷时刻为-60 °CA ATDC 时,整体效果较好。图 4.41 更加清晰地说明了预喷比为 30% 时,不同预喷时刻下的燃烧相位和压力升高率。由图可以发现,预喷时刻在-50 °CA ATOC 和-40 °CA ATDC 时,压力升高率都会

超过发动机限制。此外,值得注意的是,虽然 G60H40 混合燃油的燃烧相位相比于其他两种混合燃油更靠近上止点,但是其最大压力升高率都过高,这说明 G60H40 混合燃油应用到 GDCI 燃烧模式后可能会导致爆震燃烧,不利于发动机的稳定运行。

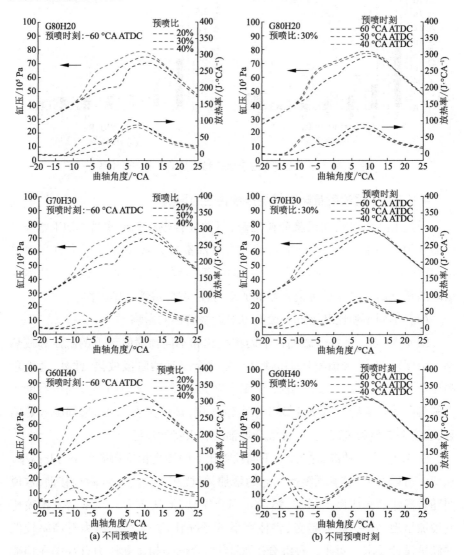

图 4.39　三种混合燃油在不同预喷比和不同预喷时刻下的缸压和放热率

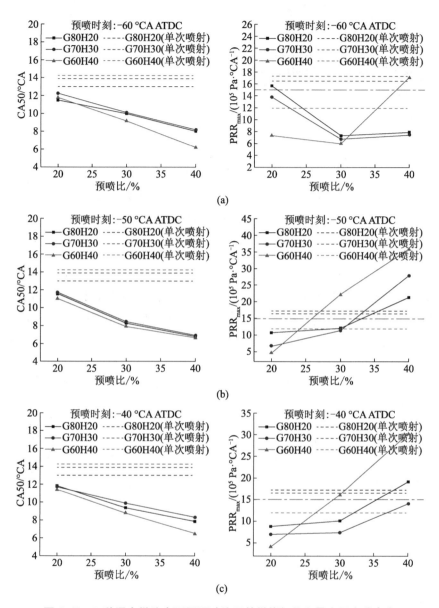

图 4.40　三种混合燃油在不同预喷比下的燃烧相位和最大压力升高率

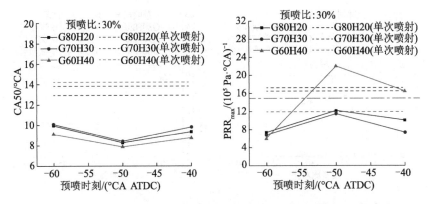

图 4.41　三种混合燃油不同预喷时刻下的燃烧相位和最大压力升高率

（2）不同预喷比对排放特性影响

图 4.42 为在不同预喷比和预喷时刻下 G80H20 和 G70H30 两种混合燃油的 CO 排放。从图中可以发现,CO 排放较高的区域主要发生在预喷时刻为 -60 °CA ATDC 这一边界条件下,且随着预喷时刻推迟,在不同预喷比下,CO 排放都较低。

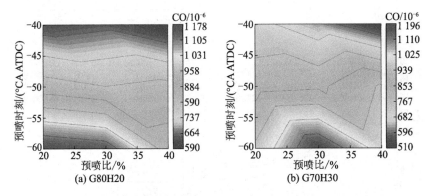

图 4.42　不同预喷比和预喷时刻下两种混合燃油的 CO 排放

图 4.43 为在不同预喷比和预喷时刻下 G80H20 和 G70H30 两种混合燃油的 THC 排放。从图中可以发现,THC 排放较高区域主要发生在预喷时刻为 -60 °CA ATDC 且预喷比较高这一边界条件下,且随着预喷时刻的推迟,在不同预喷比下,THC 排放逐渐降低,预喷比越小,THC 排放越低。

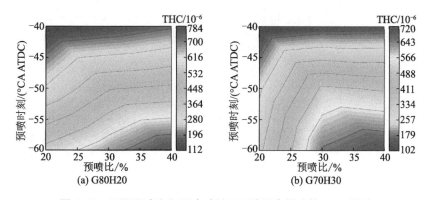

图 4.43　不同预喷比和预喷时刻下两种混合燃油的 THC 排放

图 4.44 为在不同预喷比和不同预喷时刻下 G80H20 和 G70H30 两种混合燃油的 NO_x 排放。从图中可以发现,NO_x 排放较高区域主要发生在预喷比例为 40% 这一边界条件下,而预喷时刻主要发生在 -50 °CA ATDC 这一边界条件下。从图 4.44 可以得出,预喷比例越低,NO_x 排放越低,说明预喷比例对 NO_x 排放有控制作用。图 4.45 为在不同预喷比和不同预喷时刻下 G80H20 和 G70H30 两种混合燃油的 PM 排放。从图中可以看出,预喷时刻为 -40 °CA ATDC 时,混合燃油的 PM 排放较高,且随着预喷时刻提前,PM 排放越低,这主要是因为两次喷油间隔较长,导致两次喷油的喷雾雾化较好,燃烧更充分,使得 PM 排放降低。在同样的预喷时刻下,变化预喷油比对 PM 排放的影响较小,这说明预喷时刻是影响 PM 排放的重要因素。

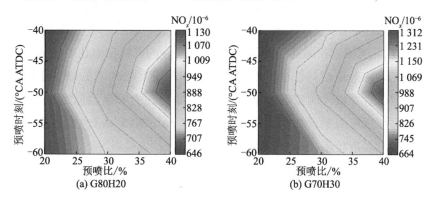

图 4.44　不同混合燃油的 NO_x 排放

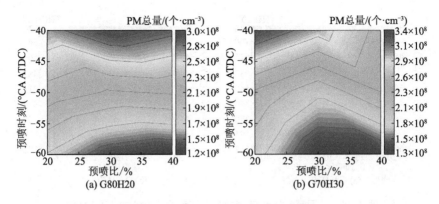

图 4.45　两种混合燃油的 PM 排放

4.7　本章小结

本章对加氢催化生物柴油/汽油混合燃油开展了内流喷雾燃烧和碳烟特性研究,此外,还对新型 GDCI 燃烧模式开展了加氢催化生物柴油/汽油发动机试验,主要结论如下:

① 加氢催化生物柴油掺混汽油后可实现 GDCI 模式燃烧,且加氢催化生物柴油掺混比例不能过高也不能过低,掺混比例过低则燃烧不稳定,会失火,而掺混比例过高则会出现早燃及爆震燃烧现象。因此,本研究建议加氢催化生物柴油的掺混比例在 10% ~ 40% 范围内,加氢催化生物柴油可掺混到汽油中实现汽油压燃模式燃烧。

② 在几何因素相同的条件下,不同燃油物性的燃料在喷孔中的流动形态和涡流结构的差距相对较小。不同燃料在相同工况条件下的线空化强度差距明显并且存在较大的瞬态波动性,在相同喷射压力和喷油脉宽下,总体的平均线空化强度关系呈现为 G70H30>G50H50>HCB>Diesel。这主要是由于汽油的运动黏度较小,掺混汽油会显著影响空化的发展强度。

③ 横向对比相同燃料在不同喷油压力和喷油脉宽下的线空化强度。对于线空化的初生,可以看到,饱和蒸汽压较高的 G70H30 混合燃油最先出现线空化现象,这主要是由于饱和蒸汽压较高的燃料局部压力更容易降低到饱和蒸汽压以下,从而易于最先出现线空化现象。从 G70H30 和 G50H30 两种混合燃料的掺混对比来看,通过改变掺混比例可以有效地影响线空化强度,而

在整体的流动形态上与 Diesel 相比几乎没有影响,通过在 HCB 中按一定比例掺混汽油可以在不改变流动特性的基础上有效地影响燃料的空化强度,这为 GCI 模式的燃料设计应用提供了思路。

④ 加氢催化生物柴油比例的增加会导致燃烧中碳烟生成的增加,这样会导致最终颗粒物排放的增加。因此,在大负荷高温环境下,小比例掺混加氢催化生物柴油具有更优异的碳烟生成特性。当汽油中加氢催化生物柴油添加比例达 50%时,混合燃油的着火燃烧和碳烟生成特性类似于柴油。

⑤ 加氢催化生物柴油掺混汽油后可实现 GDCI 燃烧,在低负荷下没有产生着火困难的问题,并解决了低温冷启动困难和高压爆震燃烧难题。加氢催化生物柴油掺混汽油后最高热效率可达 47%,从燃烧特性上看,G70H30 混合燃油具有更好的应用前景。随着加氢催化生物柴油掺混比例的增加,NO_x 和碳烟颗粒数目均增加,但 CO 和 HC 排放有所降低。

扫码看第 4 章部分彩图

第5章　加氢催化生物柴油/甲醇燃油喷雾燃烧及碳烟生成特性

本章详细介绍甲醇与加氢催化生物柴油混合燃油的制备方法,并对制备的混合燃油的微尺度结构、官能团及热重进行研究,分析混合燃油的理化特性对喷雾燃烧及碳烟生成特性的影响。

甲醇作为内燃机的清洁替代燃料,其来源广泛,其中煤制甲醇可推动煤炭清洁化利用及产业转型升级。与传统的石化柴油相比,甲醇具有如下特点:在常温常压下为液体燃料,便于运输、储存和加注;不含硫,抗爆性好,含氧量高,是理想的车用燃料。但甲醇存在如下缺点:辛烷值高,自燃温度接近500 ℃,在压燃发动机中应用有较高的难度;其汽化潜热是汽柴油的3~4倍,发动机冷启动困难。因此,单独应用甲醇燃料不太现实,但加氢催化生物柴油的优缺点正好与甲醇相反,当两种燃料掺混后可实现互补,可以实现加氢催化生物柴油/甲醇压燃燃烧,在保证较高热效率的同时,也有望大比例实现甲醇掺混燃烧。

当甲醇大比例掺混后,加氢催化生物柴油的成本空间也会有很大的提高,并且加氢催化生物柴油有更高的利润空间。此外,加氢催化生物柴油以废弃餐饮地沟油为原料,可以实现废物再利用。

综上所述,加氢催化生物柴油掺混甲醇后既可以提高加氢催化生物柴油的利润空间,也可以促进我国煤炭产业转型,推动煤炭的清洁燃烧,从而实现内燃机的清洁燃烧。

由于甲醇与加氢催化生物柴油的极性相反,所以两者无法直接互溶,需寻找一种合适的助溶剂来解决这一问题。国内外关于燃油混合方面的研究已开展较多,研究结果均表明在试验过程中含甲醇的混合燃油的放热率增大,颗粒排放物的质量、浓度及 NO_x 排放明显减小,但仍存在甲醇添加比例较小,乳化生物柴油稳定性较差,保存时间较短,乳化剂成分复杂,成本较高,难以推广应用等一系列问题。经过大量研究发现,正辛醇作为助溶剂可以很好地解决甲醇与加氢催化生物柴油不直接互溶的问题,并且正辛醇成分单一,混合方法易于操作,便于大规模推广。因此,本研究采用正辛醇作为助溶剂。

5.1　加氢催化生物柴油/甲醇混合燃油的制备及其理化特性分析

　　本研究使用的三种不同的燃油分别为 M0(100% HCB)、M15(15%甲醇,68% HCB,17%正辛醇)和 M25(25%甲醇,58% HCB,17%正辛醇),全部按体积百分比混合。混合燃油的制备过程主要包括两个阶段:首先将按体积百分比量取的甲醇与正辛醇置于环境温度为 30~40 ℃的超声波清洗机(SB-5200DTDN)中充分混合 15 min,配置成混合溶液;然后将按体积百分比量取的 HCB 与上述混合溶液混合,并置于环境温度为 30~40 ℃的超声波细胞破碎机(Biosafer 6520-92)中超声 30 min,即得到本试验所用的甲醇、正辛醇、加氢催化生物柴油混合燃油。燃油制备过程中所使用的超声波清洗机和超声波细胞破碎机如图 5.1 所示。在整个燃油混合过程中,混合物均在密封玻璃容器中,所制备的含甲醇的混合燃油（M15、M25）与纯 HCB（M0）如图 5.2所示。混合物在 6 个月内未出现分层现象。

图 5.1　超声波清洗机和超声波细胞破碎机

图 5.2　制备的含甲醇的混合燃油（M15、M25)与纯 HCB（M0)

三种目标测试燃油与甲醇、正辛醇和国六 0#柴油的物性参数如表 5.1 所示。其中，Z_{st} 表示化学当量比下的燃油混合分数，也就是燃油质量与油气混合物质量之比，如公式（5.1）所示。

$$Z_{st} = \frac{m_{f,st}}{m_{f,st} + m_{a,st}} \tag{5.1}$$

式中，计算 Z_{st} 时所用的 HCB 平均分子式为通过 GC-MAS 分析得到的 $C_{17}H_{36}$。当环境中的氧气质量分数一定时，Z_{st} 用来表征燃料中含氧组分所带来的影响，Z_{st} 随燃料中含氧组分的增大而增大。

表 5.1 中的数据表明，所制备的甲醇、正辛醇、加氢催化生物柴油混合燃油的密度和黏度均在国六 0#柴油要求的范围内，其十六烷值均明显高于国六 0#柴油，低热值与国六 0#柴油基本一致，且硫含量较低。

表 5.1　M0，M15，M25 三种目标测试和甲醇、正辛醇燃油的物性参数

物性参数	甲醇	正辛醇	国六 0#柴油	M0	M15	M25
密度(20 ℃)/(kg·m⁻³)	791.8	827	792.1	792.1	786.7	788.5
黏度(20 ℃)/(mm²·s⁻¹)	0.74	7.3	3.29	3.29	2.75	2.47
十六烷值(CN)	5	39	81.6	103	77	67
低热值/(MJ·kg⁻¹)	19.9	37.53	46.18	46.18	43.06	42.02
Z_{st}	0.141 4	0.072 9	—	0.046 2	0.051 6	0.054 9
硫含量/(mg·kg⁻¹)	0	0	10	4.30	2.93	2.49

5.1.1　微尺度观测分析

将配置的混合燃油放在长颈密封玻璃瓶中静置 6 个月后，M15 和 M25 均未出现任何分层现象，这表明在这段时间内混合燃油的外观保持了稳定。为了确定混合燃油的混合情况，本试验通过显微镜下的微尺度观测来获取混合燃料中醇类气泡的大小分布情况及气泡索特平均直径 D_{32}，进而对混合燃料的均匀性进行评估。通常，燃油中气泡的直径越小，混合得越均匀，则燃油雾化的液滴直径越小，使得相同体积分数的燃油对应的反应面积越大，与空气混合得更均匀，燃烧更充分。图 5.3 为三种燃油（M0、M15 和 M25）在 200 倍显微镜下拍摄到的微观图像。整体来看，M0（100% HCB）中的气泡体积小，数目少且分布均匀；对比 M0、M15 和 M25 可以看出，M15 和 M25 的图像均发生了明显变化,且随着甲醇含量的增加,其气泡数目明显增多,气泡体积也明显增大。

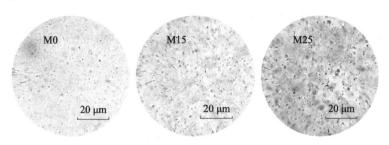

图5.3　三种燃油在200倍显微镜下的气泡分布情况

为了进行进一步的定量分析,本书引入用来表征气泡大小分布情况的概率密度,三种燃油中气泡直径与概率密度的关系如图5.4a所示。从图中可以看出,M0中气泡的直径主要集中在0.3~8.2 μm 范围内,分布较均匀;M15 和 M25 的分布情况类似,其气泡平均直径明显高于 M0,对应的直径为 1.86~18.89 μm。三种燃油中气泡出现的最大概率密度对应的气泡直径分别约为1.3 μm,2.5 μm,5.1 μm;三种燃油中气泡概率密度累加之和首次超过90%对应的气泡直径分别为 5.96 μm,12.56 μm,13.81 μm。此外,为了分析混合燃料中数量较少、体积较大的气泡对混合燃料均匀性的影响,本书引入气泡体积概率密度(即各气泡直径对应的体积占总的气泡体积的比例),如图5.4b所示。由图可知,相较于 M0,M15 和 M25 对应的大直径气泡体积占比明显增加;M15 和 M25 的变化趋势较为相似,但随着甲醇含量的增加,较大直径气泡对应的气泡体积占比逐渐增加。

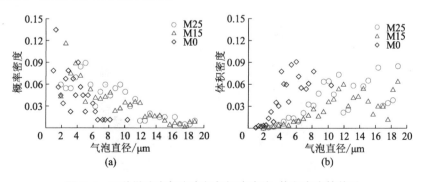

图5.4　三种燃油中气泡直径与概率密度、体积密度的关系

由于混合燃油中气泡的直径会对燃油的喷雾蒸发起重要作用,本书通过上述三种燃油气泡直径分布的概率密度对三种燃油的索特平均直径 D_{32}（SMD）进行计算,所得结果如表 5.2 所示。随着甲醇含量的增加,燃油的 SMD 逐渐增大。其中,M15 的 SMD 相较于 M0 增加了 43.49%,M25 的 SMD 相较于 M0 增加了 61.74%。虽然三种燃油经过 6 个月并未分层,但是出现较大的气泡意味着燃油不稳定,在蒸发过程中易产生微爆现象。甲醇含量的增加,有助于液滴在蒸发过程中快速集聚成核,并累积较大的能量,发生吹吸和微爆,增加与空气的混合,促进燃烧。

表 5.2　三种燃油中气泡的索特平均直径

燃油	$D_{32}/\mu m$
M0	8.005 3（±0.740 5）
M15	11.486 5（±1.432 2）
M25	13.027 5（±1.390 1）

5.1.2　官能团结构分析

燃油分子的结构特征是燃油物质组分微观化的表现。为了研究添加甲醇及助溶剂正辛醇对加氢催化生物柴油结构特征的影响,本书采用傅里叶变换红外光谱仪（Nicolet iS-50）对三种燃油的分子结构特征进行测试。试验所用的傅里叶变换红外光谱仪的实物图如图 5.5 所示,其测试波长范围为 350～7 800 cm^{-1},具有三维激光控制自动调整和以 13 万次/s 的速度扫描控制高速动态准直调整功能,位置精度达 0.2 nm;该设备的全光谱线性准确性指标优于 0.07% T,波数精度优于 0.005 cm^{-1},光谱分辨率优于 0.09 cm^{-1}。

图 5.5　傅里叶变换红外光谱仪的实物图

三种燃油的主要特征红外光谱如图 5.6 所示。总体来看,三种燃油的化学结构具有非常相似的特征。其中,2 800～3 000 cm^{-1} 范围内的吸收峰是由甲基和亚甲基基团中的 C—H 伸缩振动引起的,表明三种燃油中均存在脂肪族化合物;1 465 cm^{-1} 处的吸收峰是由酯基中的 C—H 振动引起的;在 1 376 cm^{-1} 处可观察到 2,4-二甲基戊烷中的—CH$_2$ 弯曲吸收振动峰;1 035~1 058 cm^{-1} 之间存在的 C—O 伸缩振动峰来源于醇类,722 cm^{-1} 处的—CH$_2$ 伸缩振动峰则来源于 HCB 中的亚甲基。值得注意的是,甲醇混合燃油(M15 和 M25)在 3 321 cm^{-1} 处出现明显的吸收峰,而纯生物柴油(M0)峰值无明显变化,则 3 321 cm^{-1} 处的 O—H 伸缩氢键基团主要来源于甲醇和正辛醇,因为燃油混合过程均为物理变化,不存在燃油分子结构发生变化。O—H 官能团在燃烧过程中易生成活性基团,促进生物柴油燃烧,从而降低燃油排放。

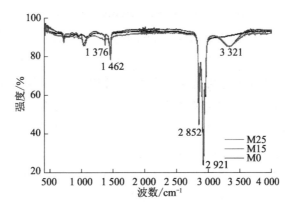

图 5.6　三种燃油的主要特征红外光谱

5.1.3　热重分析

本研究在氩气环境中对三种燃油分别开展了热重分析。测试设备为德国耐驰仪器制造有限公司的 STA-449-F3 综合热分析仪(见图 5.7),其电子天平灵敏度为 0.1 μg,最大量称为 35 g,温度范围为 RT~1 500 ℃。本研究中,所有测试样品的质量均为 10 mg;保护气为高纯氩气(99.9%),流量为 20 mL/min,吹扫气为 60 mL/min;初始温度为室温,升温速率为 20 ℃/min,结束温度为 550 ℃。

图 5.7   综合热分析仪

三种燃油在氩气环境中只进行蒸发和热解。三种燃油的蒸发特性曲线如图 5.8 所示,图中依据失重随温度的变化速率将蒸发分成三个阶段。Ⅰ阶段(25~174 ℃)主要是燃油中轻沸点组分物质进行蒸发,由于甲醇沸点较低,含甲醇较多的 M25 最早开始出现失重现象,且相较于 M0,M25 和 M15 含有较多的甲醇和正辛醇,所以蒸发速率明显高于 M0。此外,在Ⅰ阶段蒸发结束时,M25,M15,M0 分别失重 37.8%(点 A)、32.9%(点 B)、22%(点 C),表明 M25 和 M15 两种燃油中此时仍含有醇类物质。Ⅱ阶段为燃油热解阶段(174~252 ℃),在Ⅱ阶段初始位置处,三种燃油的挥发速率基本一致,此时三种燃油剩余组分以高沸点物质为主,三种燃油的 TG 曲线均随着温度的升高而急剧下降,由于 M25 和 M15 燃油中仍含有部分醇类物质,较高的蒸发潜热使得这两种燃油的蒸发速率在Ⅱ阶段前期略小于 M0;三种燃油在 250 ℃时燃油失重基本结束,到此阶段失重率达到 98%。Ⅲ阶段为碳化阶段,三种燃油基本消失。

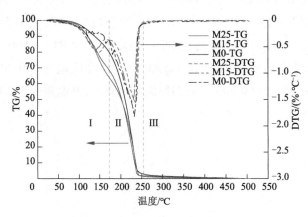

图 5.8   三种燃油的挥发特性曲线

5.2　加氢催化生物柴油/甲醇混合燃油喷雾燃烧特性

5.2.1　未燃烧状态下的喷雾验证

喷雾贯穿度为从喷孔出口到喷雾最前端的距离。在进行喷雾燃烧试验之前,先针对 M0 和 M25 两种燃油在充满氮气非燃烧蒸发态环境条件($T_a =$ 800 K, $\rho_a = 21.43$ kg/m³, $w(O_2) = 0\%$, $P_{inj} = 50$ MPa 和 100 MPa)下进行纹影法的测试,所测得的气相喷雾贯穿距和喷雾锥角均为 ASOI 2 ms 至 ASOI 4 ms 时间范围内的平均值。由图 5.9 可以看出,相同喷油压力下 M0 和 M25 的气相喷雾贯穿距和喷雾锥角的差别几乎可以忽略,燃油特性对非燃烧状态下的气相喷雾形态影响也可以忽略。此时,气相喷雾贯穿距主要取决于喷嘴出口动量,与燃油密度和燃油挥发性等没有直接关系,这与 Kook 等的研究结论一致,证明了本试验数据的可靠性,由此也可以推测出后续反应的喷雾形态差异并不是由非反应状态下的喷雾形态发展造成的。试验测得两种燃油在不同喷射压力下的平均喷雾锥角为 21.61°。

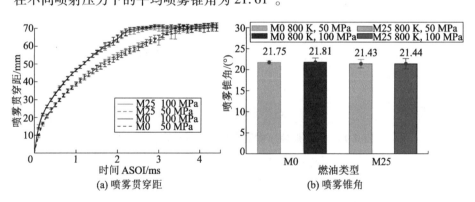

（a）喷雾贯穿距　　　　　　（b）喷雾锥角

图 5.9　M0 和 M25 的喷雾贯穿距和喷雾锥角

5.2.2　喷雾贯穿距

本书为进一步研究不同甲醇添加比例的混合燃油的喷雾特性,在燃烧工况下分别对三种燃油进行纹影试验。图 5.10 为三种燃油在不同环境温度和喷油压力下的喷雾贯穿距及其对应的着火延迟期。在喷雾发展初期,即未达到着火延迟期时,不同燃油的喷雾贯穿距差别很小,与上述未燃烧状态时的喷雾贯穿距表现一致。着火延迟期后,由于高温燃烧使得喷雾内部密度降低,喷雾发生膨胀,导致三种燃油的喷雾贯穿距发生分离。由图 5.10 对着火延迟期的分析可以看出,随着环境温度的升高,着火延迟期缩短,喷雾贯穿距出现分离时刻越早。对于相同的工况和喷油压力,一定时间后的喷雾贯穿距 M0>M15>M25,这主要是由于不同十六烷值的燃油活性不同造成了不同的着火延迟,较短的着火延迟引起了更早的快速贯穿。

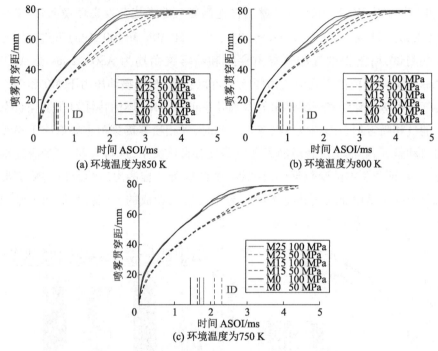

图 5.10 三种燃油喷雾贯穿距随喷射压力的变化情况

$$[\rho_a = 21.43 \text{ kg/m}^3, w(O_2) = 15\%]$$

5.2.3 液相长度

液体长度定义为液相焰轴线方向上最大的贯穿距离,其中燃料总蒸发速率等于燃料喷射速率。目前对液相长度 LL 的试验研究大多针对未燃烧情况下的喷雾,而本研究则主要针对燃烧条件下的喷雾液相长度 LL。图 5.11 为三种燃料在准稳态燃烧阶段,基于拉东变换(Radon transform)函数的层析重建得到的喷雾轴对称面上的液相长度、·OH 和碳烟的耦合分布情况,其中·OH 与对应的火焰浮起长度(LOL)是通过·OH 化学荧光法拍摄处理得到的。如图 5.11 所示,·OH 用红色表示,液体和烟灰用绿色表示,这是根据瞬态平均液相长度和碳烟的光学厚度(optical thickness)KL 图重建的,时间间隔与记录·OH 化学发光的时间间隔相同。图中,着火前的液相长度 LL1、着火后的液相长度 LL2 以及相应的火焰浮起长度 LOL 均以垂直虚线表示,通过图中的空间位置和图像强度可以很容易区分出碳烟和液相长度的分布情况。由于在喷雾轴线上当量比较大,碳烟位于喷雾的中心位置,而由于高温放热引起的·OH 则包围在火焰的表面。碳烟的初生位置会随着燃料中甲醇含量的增加而逐渐靠近喷嘴,其中,M0 燃料的液相长度和碳烟之间会出现微小的重叠。从图中可以看出,在三种燃料中,LOL 最短,LL2 短于 LL1。这表明火焰中存在大量的液体燃料,燃烧促进了燃料的蒸发。在当前的试验工况下,LL1 和 LL2 之间的长度差异会随着燃料反应性的降低而减小,从而呈现出更长的 LOL。较短的 LOL 则可能导致燃烧与燃料蒸发之间的相互作用更强。

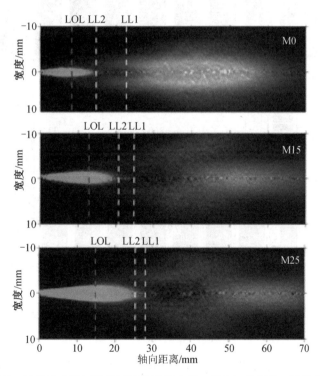

图 5.11　层析重建后三种燃料的液相长度及·OH 与碳烟的二维分布情况

三种燃料在各个试验工况下的着火前液相长度 LL1、着火后液相长度 LL2、火焰浮起长度 LOL 如图 5.12 所示。由图可以看出,三个参数均随环境温度的降低而增大。LOL 随着喷射压力的降低而减小,但喷射压力对两种液相长度的影响都不大,即喷射压力越低,液相长度与火焰浮起长度的重合区域越大。此外,这三个参数均随甲醇含量的增加而增加。值得注意的是,M0较短的火焰浮起长度 LOL 对 M0 各个试验工况下的液相燃料蒸发产生较大的影响,从图中明显可以看出,M0 着火后的液相长度 LL2 相较于着火前的液相长度 LL1 减小很多,而 M15 和 M25 两种燃料的液相长度则变化不明显。

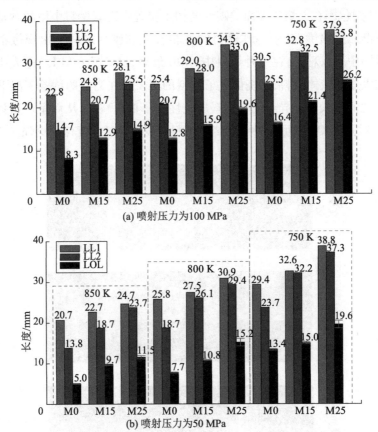

图 5.12　三种燃油液相长度、火焰浮起长度随喷射压力的变化情况

$[\rho_a = 21.43\ \text{kg/m}^3, w(O_2) = 15\%]$

Higgins 等的研究表明,仅靠液相长度与燃料沸点之间的相互关系无法准确预测所有燃料的液相长度。通过 LL 与沸点的相关性无法准确预测所有燃料的 LL,而引入"特定能量比"(主要取决于燃油的蒸发潜热)这一无量纲参数,则可以较好地预测单一组分以及多组分燃料的液相长度。这一关系同样可以较好地预测本书中所使用的三种燃料的着火前的液相长度 LL1,其关系式为

$$\frac{LL}{d_0} = k \cdot A^a \cdot B^b \tag{5.2}$$

$$A = \frac{\rho_f}{\rho_a} \tag{5.3}$$

$$B = \frac{\sum_i m_i h_{vap,i} + (T_{b,max} - T_f) \sum_i m_i C_{p,i}}{C_{p,a}(T_a - T_{b,max}) \sum_i m_i} \tag{5.4}$$

式中，d_0 为喷孔直径；k, a, b 为拟合常数；A 为燃料密度与环境气体密度的比值；B 为特定能量比，其中 $m_i, h_{vap,i}, T_{b,max}, C_{p,i}$ 分别为燃料中组分 i 所对应的质量分数、汽化潜热系数、最高沸点温度、比热容；T_f 为燃油初始温度。

为了便于计算，将 C16 的燃料特性用 HCB 的燃料特性来代替。通过将试验所得的三种燃油液相长度代入式（5.2）中进行回归拟合，可得到 3 个拟合常数，分别为 $k = 518.6, a = -0.54, b = 0.82$，且相关系数 $R^2 = 93\%$。将由拟合式计算出的 LL1/d_0 与试验所测得的 LL1/d_0 进行对比，如图 5.13 所示。由图可以看出，液相长度分散度较小，R^2 较高，说明拟合式（5.2）的预测效果较好。

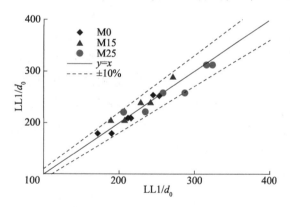

图 5.13　拟合式计算出的 LL1/d_0 与试验所测得的 LL1/d_0 的对比图

为进一步分析液相长度 LL1 的影响因素，对拟合计算公式（5.2）中所涉及的 A 和 B 两个参数进行分析。对于参数 B，为了方便说明，将式（5.4）中的 $\sum m_i h_{vap,i}$，$(T_{b,max} - T_f) \sum m_i C_{p,i}$ 和 $C_{p,a}(T_a - T_{b,max}) \sum m_i$ 分别命名为 B_1、B_2 和 B_3 三部分。三种燃料在所有试验温度工况下的 A 和 B 值如表 5.3 所示，其中 M0 燃料用 C16 来代替计算。

表 5.3　三种燃料在所有试验温度工况下的 A,B_1,B_2,B_3 值

燃料	T_a/K	A	B_1	B_2	B_3
M0		35.9	362 000	479 787	291 450
M15	850	36.6	515 962	495 081	291 450
M25		36.5	598 300	502 020	291 450
M0		35.9	362 000	479 787	241 200
M15	800	36.6	515 962	495 081	241 200
M25		36.5	598 300	502 020	241 200
M0		35.9	362 000	479 787	190 950
M15	700	36.6	515 962	495 081	190 950
M25		36.5	598 300	502 020	190 950

上述结果表明,三种燃料的密度与 A 接近,所以密度不是影响液相长度的主要因素。由于三种燃料中最高沸点的组分均为 HCB,所以三种燃料的 B_3 值相同。此外,B_1 值取决于燃料组分中的蒸发潜热,由 M0 到 M25 增加了65.3%;而对于 B_2,其值取决于燃料组分中的沸点温度,在环境温度为 850 K 的工况条件下,由 M0 到 M25 仅增加了 4.6%。综上所述,燃料组分中的最高沸点温度 $T_{b,max}$ 会对液相长度产生一定的影响,但是由于甲醇的沸点温度较低,所以 $T_{b,max}$ 对含有甲醇的 M15 和 M25 两种燃料液相长度的影响有限。此外,甲醇含量较高的汽化潜热会对 B_1 值产生重要影响。因此,在混合燃料中,甲醇含量越高,着火前液相长度越长。

图 5.14 是 M0 和 M25 两种燃油从环境温度 700 K 到 1 000 K 工况条件下的着火前液相长度和火焰浮起长度的计算值,其中 LL1 是通过式(5.2)计算所得,LOL 是根据式(5.11)计算所得,计算所使用的环境密度和氧质量分数与试验数据保持一致。从图 5.14 中可以看出,当喷射压力为 100 MPa 时,M25 的火焰浮起长度和着火前液相长度要大于 M0,并且在相同的环境温度下,着火前的液相长度要大于火焰浮起长度。

从图 5.14 中还可以看出,在环境温度为 700 K 时,M25 的着火前液相长度和火焰浮起长度之间的差值(LL1−LOL=10.8 mm)小于 M0 的差值(LL1−LOL=17.1 mm),而在环境温度为 1 000 K 时,两者的差值几乎相等,这是由于环境温度对 M25 燃油的火焰浮起长度的影响程度要大于对 M0 的影响程

度。如前面所提到的,燃烧与液相燃油蒸发之间会存在强烈的相互作用,在火焰浮起长度上的蒸发冷却会降低层流火焰速度并延长火焰浮起长度,而燃烧则会加强液相燃料的蒸发速率并缩短液相长度。火焰中燃料液滴的蒸发会导致较高的碳烟生成量。这一现象可通过增加喷射压力或减小喷孔直径来有效解决,这是由于,一方面火焰浮起长度会随着喷射压力的增加而增加,但喷射压力对液相长度几乎没有影响;另一方面,液相长度与喷孔直径呈线性关系,但喷孔直径对火焰浮起长度几乎没有影响。图 5.14 中也给出了当喷射压力为 300 MPa 对应的 M25 火焰浮起长度的计算值,由图可以看出,火焰浮起长度与着火前液相长度出现"交叉"现象,随着环境温度的升高,火焰浮起长度缩短的幅度要大于液相长度。

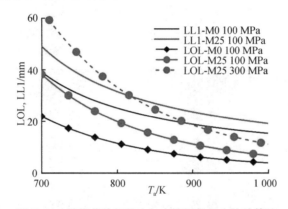

图 5.14 燃烧前液相长度与火焰浮起长度的计算值

5.2.4 着火延迟期

着火延迟期是判断燃料着火性能的重要参数之一,一般指从燃油喷射开始到高温燃烧开始的时间间隔,对发动机效率和尾气排放有很强的影响。图 5.15 为三种燃料在着火过程中的纹影图像序列(T_a = 850 K,P_{inj} = 100 MPa),其中左列、中列和右列图像分别对应燃料 M0、M15 和 M25。图像右侧的黑暗区域(轴向距离 70~80 mm)主要是由容弹燃烧室电加热丝产生的强烈湍流气体造成的。在 ASOI 300 μs 条件下,由图可以看出三种燃料的喷雾贯穿距无明显差异(均在 25 mm 左右),表明在未燃烧状态下的喷雾特性基本相同。在 ASOI 450 μs 时,M0 出现高温燃烧,喷雾开始沿径向膨胀。但是由于动量守恒,M0 的轴向喷雾贯穿距与 M15 和 M25 相比并没有明显增加,此阶段被定义为喷雾发展的"稳定阶段"。由于 M0 具有较高的反应活性,燃烧第一阶段的

"冷焰燃烧"状态在该试验工况下的持续时间非常短,很难被当前的高速纹影摄像所捕捉。M15 和 M25 的喷雾头部分别在 ASOI 500 μs 和 ASOI 650 μs 时刻呈现出部分透明状,此时即表明燃烧处于冷焰燃烧阶段。随后,M15 和 M25 分别在 ASOI 650 μs 和 ASOI 700 μs 进入高温燃烧放热阶段。最后一行图像代表三种燃料在扩散燃烧阶段时的喷雾形态,竖直黄色虚线对应此时相应的喷雾贯穿距。由图还可以看出,随着甲醇含量的增加,燃料反应活性减弱,喷雾贯穿速度减慢(M25<M15<M0)。

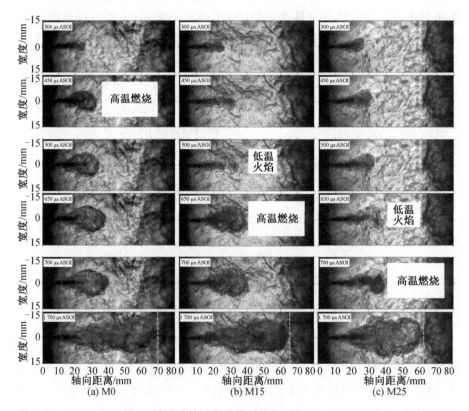

图 5.15　M0,M15,M25 三种燃油的纹影图像时间序列图(T_a = 850 K,P_{inj} = 100 MPa)

图 5.16 给出了三种燃油着火延迟期随环境温度的变化情况。由图可以看出,三种混合燃油在不同的喷射压力下,着火延迟期(ID)表现出较好的一致性,均随着环境温度的增加而减少。由于三种燃油的十六烷值表现为 M0>M15>M25,所以 M0 具有较短的着火延迟期,而 M25 具有较长的着火延迟期。

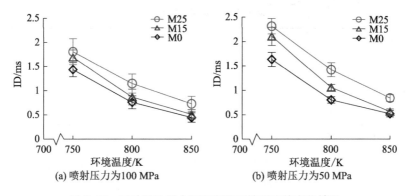

图 5.16　三种燃油着火延迟期随环境温度的变化情况

($\rho_a = 21.43$ kg/m^3, $w(O_2) = 15\%$)

当前,关于着火延迟期的影响因素已有很多学者做了大量的研究,且根据 Arrhenius 型方程给出了诸多关系式。Payri 等在关于边界条件对着火延迟期影响的研究中提出计算公式(5.5)。本书为进一步分析不同燃油特性参数对着火延迟期的影响,结合本研究中不同燃料中的化学计量混合分数 Z_{st} 所带来的影响,提出着火延迟期与其影响因素存在正相关关系,如式(5.6)所示,并通过最小二乘回归法得到相关系数,具体拟合结果如式(5.7)所示,其中化学计量混合分数 Z_{st} 用来表征不同燃料与空气混合的程度。由于试验过程中所有工况的环境密度和环境氧含量均保持一致,无法单独反映出其对着火延迟期的影响,因此它们对着火延迟期的贡献耦合在了常数系数 0.18 中。

$$ID^* \propto \exp\left(\frac{A}{T_a}\right) \cdot \rho_a^B \cdot \Delta P^C \cdot w(O_2)^D \tag{5.5}$$

$$ID^* \propto \exp\left(\frac{A}{T_a}\right) \cdot \rho_a^B \cdot \Delta P^C \cdot w(O_2)^D \cdot Z_{st}^E \tag{5.6}$$

$$ID^* = 0.18 \cdot \exp\left(\frac{7\,085}{T_a}\right) \cdot \Delta P^{-0.26} \cdot Z_{st}^{2.03} \tag{5.7}$$

将式(5.7)中的拟合系数与 Pickett 和 Benajes 等所得到的同类型方程的拟合系数进行比较(见表 5.4)可以发现,本书的结果与前人的结果有较好的一致性,特别是 Benajes 等的结果,虽然存在一部分差异,但总体趋势是非常接近的。图 5.17 给出了通过试验测得的着火延迟期 ID 与通过拟合式计算出的着火延迟期 ID^* 的对比图,由图可以看出差异较小,且表 5.4 给出了拟合相关系数 $R^2 = 98.2\%$,表明式(5.7)给出了较好的预测。

表 5.4　拟合系数的比较

结果来源	A	B	C	D	E	$R^2/\%$
Pickett 等	6 534	-0.96		-1		
Benajes 等	7 523	-1.35	-0.09	-0.51		97.9
本书的结果	7 085		-0.26		2.03	98.2

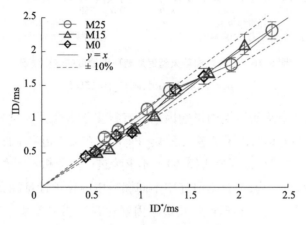

图 5.17　ID 与 ID* 相比较

需要指出的是,在式(5.7)中有两项燃油特性参数会对 ID 产生影响,分别是代表总体活化能的 A 和代表氧含量的 Z_{st},而在本研究中环境氧质量分数一致。由于总体活化能的定量测量十分困难,此处其对 ID 的影响不做探讨。由式(5.7)可以看出,ID 近似与 Z_{st} 的平方成正比,Z_{st} 对着火延迟期的影响至关重要。依据式(5.8),以燃料 M0 的 Z_{st} 为基准分别对三种燃油进行着火延迟期 ID 的 Z_{st} 归一化计算,即

$$ID^*_{Z_{st}} = ID \cdot \left(\frac{Z_{st,M0}}{Z_{st}} \right)^{2.03} \tag{5.8}$$

通过对每种燃油计算所得的归一化着火延迟期进行线性拟合,由拟合直线的斜率整体对比图 5.18 可以明显看出,ID 随着燃油喷射压力和环境温度的降低而增大,这与前人得出的研究结论一致。在图 5.18 中,相同温度工况下的着火延迟期用虚线椭圆圈出。由图可以看出,在 Z_{st} 归一化后,在相同的 T_a 和 P_{inj} 下,$ID^*_{Z_{st}}$ 相等。因此,不同燃料在同一工作点下试验数据的差异主要是由 Z_{st} 的差异造成的。总的来说,受 Z_{st} 影响,M25 的 ID 较 M15 增加了

16%,M15 的 ID 较 M0 增加了 21%。可见,随着正辛醇的混合及甲醇比例的增加,Z_{st}的增加,使得着火延迟期也逐步增加。这与 Pickett 等所研究的 ID 与 Z_{st} 的关系相反,这是因为文献中的燃料不变,Z_{st} 代表相同燃料条件下的环境氧质量分数,而本研究中环境氧质量分数不变,不同混合燃油甲醇和辛醇的含量不同而导致燃料含氧量不同,此处 Z_{st} 则代表不同燃油对环境氧含量的消耗能力。

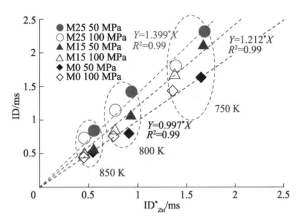

图 5.18　ID 试验数据与计算结果相比较

5.2.5　火焰浮起长度

火焰浮起长度是指喷嘴尖端和燃烧反应稳定区域之间的长度,通常用来表征燃烧过程中喷雾的空气卷吸程度,进而对碳烟生成量造成重要影响,它是影响柴油机燃烧排放特性的重要特性参数。本书通过·OH 化学荧光法来捕捉火焰浮起长度。

由图 5.19 可以看出,在不同的喷射压力下,三种燃油的火焰浮起长度均随着环境温度的增加而减小,与着火延迟期变化趋势一致,随着正辛醇的混合及甲醇含量的增加,混合燃料 M15 和 M25 中的 Z_{st} 增加,十六烷值(CN)下降,且正辛醇和甲醇较高的汽化潜热降低了喷雾周围的环境温度,使得着火位置滞后,进一步导致混合燃料 M15 和 M25 具有较长的火焰浮起长度。

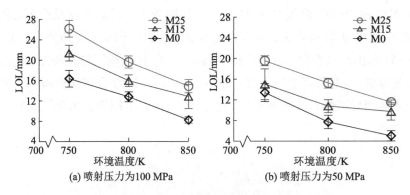

(a) 喷射压力为100 MPa　　　　(b) 喷射压力为50 MPa

图 5.19　三种燃油火焰浮起长度随环境温度的变化情况

针对火焰浮起长度 LOL 的影响因素，Pickett 等和 Benajes 等提出了相关关系式(5.9)和式(5.10)：

$$\text{LOL} \propto T_a^{-3.74} \cdot \rho_a^{-0.85} \cdot d_0^{0.34} \cdot U^1 \cdot Z_{st}^{-1} \quad (5.9)$$

$$\text{LOL} \propto T_a^{-5.10} \cdot \rho_a^{-1.14} \cdot U^{0.31} \cdot w(O_2)^{-0.86} \quad (5.10)$$

式中，d_0 表示喷管直径；U 表示喷孔出口平均燃油喷射速度，其中 $U = \sqrt{2 \cdot \dfrac{P_{inj} - P_a}{\rho_f}}$。同着火延迟期一样，环境密度和氧含量在此式中对 LOL 的贡献耦合到公式常数系数中。然而，图 5.20 已经证明，在相同的运行条件下，不同燃料的 ID 与 LOL 之间存在近似线性关系，并且可以看出着火延迟期与燃油的十六烷值呈反比关系。

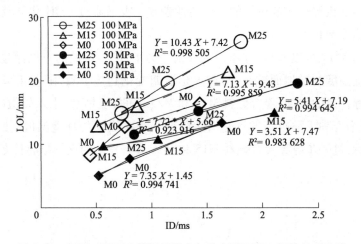

图 5.20　相同工况下火焰浮起长度与着火延迟期之间的关系曲线

根据式(5.11)和式(5.12),通过对柴油的研究提出的 LOL 与其影响因素的关系,考虑到不同甲醇添加比例燃油的化学计量混合分数 Z_{st} 和十六烷值 CN 对火焰浮起长度的影响,将 CN 项增加进去,提出火焰浮起长度与影响因素存在关系,如式(5.11)所示。根据试验数据可得到火焰浮起长度与影响因素的拟合式(5.12),其中 $R^2 = 93.20\%$。

$$\text{LOL} \propto T_a^a \cdot U^b \cdot Z_{st}^c \cdot \text{CN}^d \tag{5.11}$$

$$\text{LOL} = 5.84 \times 10^{15} \times T_a^{-4.89} \cdot U^{0.90} \cdot Z_{st}^{0.69} \cdot \text{CN}^{-1} \tag{5.12}$$

由计算所得的火焰浮起长度 LOL^* 与试验值 LOL 的对比如图 5.21 所示,所有拟合值误差均在 10% 以内。由公式可以看出,环境温度对 LOL 的影响最为明显,LOL 与温度呈正相关关系,与出口燃油喷射速度呈负相关关系,这与之前的研究结果一致。

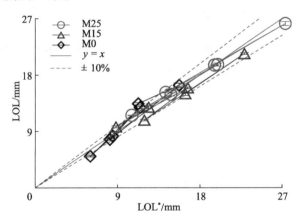

图 5.21　LOL 试验数据与经验公式计算结果的对比

通过式(5.11)和式(5.12)可知,LOL 在较低的温度和较高的喷嘴出口流速下会明显增加,但是与 ID 一样,通过式(5.11)可知,LOL 与 Z_{st} 成反比。因为式(5.10)是基于相同燃料下拟合出来的,燃料中的氧质量分数不发生变化,而式(5.11)则是考虑了燃料中氧质量分数变化时的火焰浮起长度。通过式(5.12)可以看出,燃油特性中的 Z_{st} 和 CN 两个参数会对 LOL 产生影响。为了单独分析 Z_{st} 和 CN 各自的影响,图 5.22a 和图 5.22b 分别以 M0 为基准对各个工况下的出口喷油速度(以 $T_a = 750$ K,$P_{inj} = 100$ MPa 为参考工况)和另外一个变量进行了标准化处理。如图 5.22b 所示,所获得的 $\text{LOL}_{CN} = \text{LOL} \cdot \left(\dfrac{U_{ref}}{U}\right)^{0.9} \cdot \left(\dfrac{Z_{st,ref}}{Z_{st}}\right)^{0.69}$,其中,$U_{ref}$ 和 $Z_{st,ref}$ 为参考工况下的出口速度和混合分数,LOL 为试验值所得的火焰浮起长度。此外,根据式(5.12)还得到了在不同燃油的十六烷值下 LOL 随温度变化的曲线。因此,图 5.21a 所示的在每个环境温度下不同燃油导致的 LOL 差别即为 CN 不同所致。同理,图 5.21b 所示为每个环境温度下燃油 Z_{st} 的不同导致的 LOL 不同。由图 5.21a 和式(5.12)可以看出,本试验条件下,LOL 与 CN 呈负相关关系,与 Z_{st} 呈正相关关系,M0 的 CN 值最大,Z_{st} 最小,LOL 最小。总体而言,两个参数对 LOL 差别的影响随温度的升高而减小,CN 对 LOL 的影响相比 Z_{st} 更为明显。

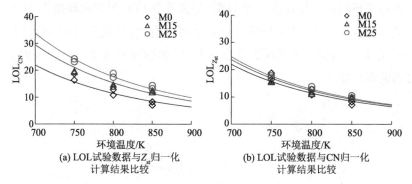

(a) LOL 试验数据与 Z_{st} 归一化计算结果比较

(b) LOL 试验数据与 CN 归一化计算结果比较

图 5.22　LOL 试验数据与计算结果相比较($\rho_a = 21.43 \ kg/m^3$,
$w(O_2) = 15\%$, $P_{inj} = 50 \ MPa, 100 \ MPa$)

5.3　加氢催化生物柴油/甲醇混合燃油碳烟生成特性

图 5.23 展示了三种燃料在喷射压力 100 MPa、环境温度 850 K 工况下的碳烟光学厚度瞬态变化情况,图中给出了由纹影法测得的喷雾轮廓(用曲线表示)和由·OH 化学荧光法测得的火焰浮起长度(用竖直虚线表示)。由图 5.23 可知,M0 的碳烟初生时刻最早(ASOI 433 μs),M15 的碳烟初生时刻稍晚(ASOI 700 μs),M25 的碳烟初生时刻最晚(ASOI 1 183 μs),碳烟初生时刻出现的趋势与三种燃料着火延迟期的趋势相一致。在 ASOI 2 900 μs 时,三种燃料均进入准稳态混合燃烧阶段,碳烟初始位置保持稳定,火焰中三种燃油的最大 KL 值表现为 M0> M15> M25,与三种燃油中的 HCB 含量多少一致。在 ASOI 4 283 μs 时,燃油喷射结束,由于此阶段火焰中碳烟的氧化速率要大于碳烟的生成速率,所以火焰中碳烟的净含量逐渐减少。喷雾贯穿速度随着燃料反应活性的增加而增大,较大的燃烧面积使得碳烟获得较快的贯穿速

度,能与喷雾表面较高当量比的油气混合物反应,使碳烟的氧化速率进一步加快。此外,图 5.23 同样也反映了碳烟氧化的这一趋势,其中 M0 的碳烟曲线明显比其他两种燃料的碳烟曲线更加尖锐。

为了进一步说明碳烟在各个时间位置沿轴向的空间分布,图 5.24 给出了燃油喷射压力 100 MPa、环境温度 850 K 工况下,由碳烟质量变化云图衍生出来的三种燃料的碳烟变化轮廓图。由图可以看出,对于反应活性较高的燃料(M0)碳烟初始时刻较早,且在准稳态条件下碳烟初始位置到喷孔的距离较短;对于高反应活性燃料(M15 和 M25),较快的喷雾贯穿速度也导致了更快的碳烟前锋贯穿速度。但是,三种燃油碳烟的"消亡"时刻基本一致,无明显差异。此外,M0 的碳烟初生位置(15 mm 左右)要短于准稳态条件下碳烟的初生位置(20 mm 左右),并在喷油结束后可以发现碳烟初生位置明显向喷孔位置处靠近,这是由于 M0 燃料的反应活性较高,在燃油喷射结束阶段产生了回火现象,而 M15 和 M25 两种燃料则没有出现这种现象。

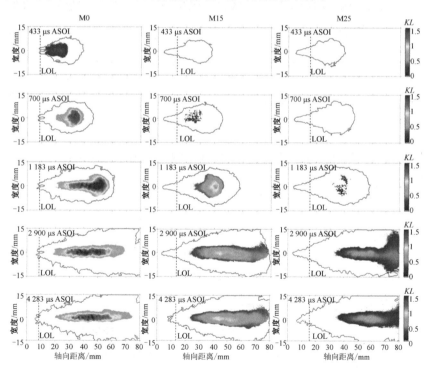

图 5.23　M0、M15 和 M25 的碳烟 *KL* 云图变化情况

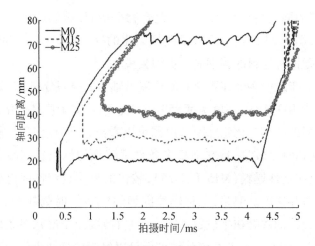

图 5.24 碳烟轮廓图（$P_{inj}=100$ MPa, $T_a=850$ K）

图 5.25 左侧展示出了三种燃油在所有试验工况下的总碳烟质量随时间的变化趋势,右侧展示出了与左侧试验工况相一致的对应三种燃料在火焰浮起长度处的平均当量比($\overline{\Phi}_{LOL}$)。研究表明,火焰浮起长度处的平均当量比($\overline{\Phi}_{LOL}$)与碳烟产生的质量有密切关系,$\overline{\Phi}_{LOL}$ 的计算方法如下：

$$\overline{\Phi}_{LOL}=\frac{2\cdot(A/F)_{st}}{\sqrt{1+16\cdot\left(\dfrac{H}{x^+}\right)^2}-1} \tag{5.13}$$

式中,$(A/F)_{st}$ 是通过燃油的质量分数计算出来的化学计量空燃比;x^+ 是燃油喷射的特征长度,计算方法如下：

$$x^+=\sqrt{\frac{\rho_f}{\rho_a}}\frac{\sqrt{C_a}\cdot d_0}{a\cdot\tan(\theta/2)} \tag{5.14}$$

式中,C_a 为孔口收缩系数,由于本研究所采用的喷孔为圆柱形直孔,所以孔口收缩系数为 1;a 为常数 0.75;θ 为喷雾锥角,其数值为 21.6°。

前人研究表明,当火焰浮起长度处的平均当量比 $\overline{\Phi}_{LOL}<2$ 时,火焰中基本无碳烟生成。由图 5.25 可以看出,M15 和 M25 两种燃油在环境温度为 750 K、喷射压力为 50 MPa 和 100 MPa 时几乎无碳烟生成;M25 在环境温度为 800 K、喷射压力为 100 MPa 时也基本无碳烟生成,对应的平均当量比 $\overline{\Phi}_{LOL}$ 均小于 2。

总体来看,碳烟质量的变化趋势基本与火焰浮起长度处的平均当量比 $\overline{\Phi}_{LOL}$ 相一致,碳烟质量随着燃料中甲醇含量的增加而逐渐减少。其主要原因是:首先,随着燃料中正辛醇和甲醇的增加会使火焰浮起长度缩短,使得平均当量比 $\overline{\varPhi}_{\mathrm{LOL}}$ 增大,从而使燃料在火焰浮起长度处富燃料燃烧产生大量碳烟前驱物,导致更多的碳烟生成;其次,随着燃料中正辛醇和甲醇的添加会增大燃料中的氧质量分数,这将增大碳烟的氧化速率,并使得碳烟的净含量进一步减少;最后,随着燃料中正辛醇和甲醇的增加会导致火焰浮起长度更长,使得液相燃料的蒸发与燃烧之间的相互作用减弱,液相燃料蒸发时间增长会使油气混合物在燃烧前能卷吸更多的空气,使燃烧更加充分进而降低碳烟。

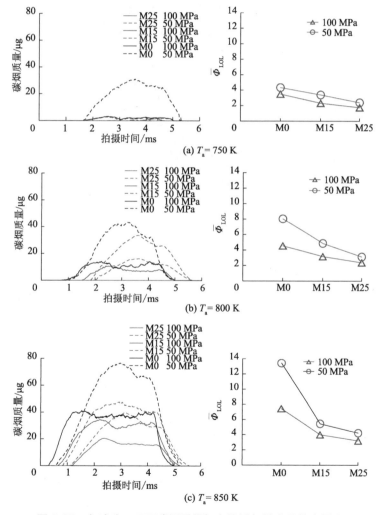

图 5.25　各试验工况下碳烟质量与火焰浮起长度处的当量比

图 5.26 给出了所有试验工况下碳烟初生时刻与着火延迟期的关系。碳烟初生时刻是指在对碳烟辐射的图像进行背景噪声消除后,其数码强度值超过 100 对应的时刻,而着火延迟期则是通过自然发光法拍摄的图像得到的。从图中可以看出,M25 的碳烟生成明显少于 M0 和 M15 两种燃料。如上所述,M25 在低温燃烧情况下几乎无碳烟生成。Bjorgen 等发现不同燃料的着火延迟期与碳烟初生时刻存在不同的线性关系,而从本书的试验结果来看,三种燃油在不同的试验工况下其碳烟初生时刻与着火延迟期之间存在近乎相同的线性关系。这主要是因为本研究所采用的三种燃油的主要成分均为 HCB,且碳烟生成主要受着火延迟期后的 HCB 的化学反应过程所控制,而与 Bjorgen 等研究中所使用的燃料组成成分明显不同,所以得出的结论也不同。

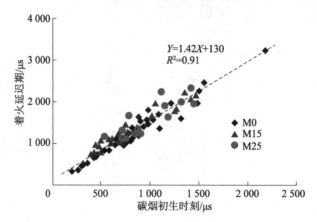

图 5.26　碳烟初生时刻与着火延迟期的关系

5.4　本章小结

本章对甲醇与加氢催化生物柴油混合的微尺度结构、官能图及热重进行研究,分析了混合燃油的理化特性对喷雾燃烧及碳烟生成特性的影响,得出以下结论:

扫码看第 5 章
部分彩图

① 基于高速显微成像技术开展了甲醇 HCB 混合燃油油滴蒸发特性的研究。研究结果表明,随着甲醇比例的增加,油滴内部出现剧烈的醇相气泡膨胀,发生油滴的吹喷微爆现象,缩短了液滴蒸发时间。液滴蒸发速率随着环境温度的升高而升高,在环境温度 800 K 以下,随着甲醇含量的增加,混合油

滴蒸发速率减小,而当环境温度升高到 850 K 时出现含甲醇的混合燃油因高温下混合油滴显著的微爆现象使得蒸发速率超过纯 HCB 的蒸发速率。

② 基于纹影法开展了混合燃油喷雾特性的研究。研究得出,三种燃油因密度、黏度等物理属性差异并不是很大,不同甲醇比例的混合燃油其喷雾气相贯穿距在未燃烧条件下基本一致,仅受喷孔出口动量的影响;在燃烧条件下,M0 在着火后喷雾贯穿速度最快,其次是 M15 和 M25。分析得出,在燃烧条件下,从 M25 到 M0 燃油的喷雾气相贯穿距增加,这主要是甲醇含量越少,着火延迟期越短,喷雾膨胀越早发生所致。

③ 探索在燃烧条件下高速纹影法结合·OH 化学荧光法获取喷雾形态发展,同步定量测量获得反映喷雾及着火燃烧特性的关键参数喷雾贯穿距、着火延迟期及火焰浮起长度。试验研究得出,随着甲醇比例的增加,混合燃油在高温高压环境中的着火延迟期增加。其中,甲醇含量增加使得该混合燃油在一定氧质量分数条件下的化学计量混合分数 Z_{st} 增加,这是着火延迟期增加的主要原因。另外,随着甲醇比例的增加,混合燃油的火焰浮起长度也增加,燃油十六烷值对火焰浮起长度的影响高于 Z_{st} 带来的影响。同时研究得出,不同燃料的着火延迟期与火焰浮起长度之间存在近似线性关系。

④ 首次通过背景光消光法同时得到了混合燃油着火前的液相长度 LL1 与着火后的液相长度 LL2。随着甲醇比例的增加,混合燃油的两种液相长度均增加;燃烧增强了液相燃料的蒸发,使 LL2 比 LL1 短;M0 较短的火焰浮起长度加剧了其液相燃料的蒸发,导致所有工况下其燃烧后的液相长度 LL2 相对于 M15 和 M25 燃油显著减少;影响 LL1 的主要因素为混合燃油各组分的蒸发潜热值与最高沸点,三种燃油最高沸点均为 HCB 的沸点。因此,蒸发潜热为影响三种燃油 LL1 差异的主导因素,LL1 随甲醇的增加而增加。

⑤ 开展了混合燃油碳烟生成特性的研究。研究得出,随着甲醇比例的增加,混合燃油的碳烟量减少。首先,由于甲醇和正辛醇的添加导致火焰浮起长度增加,火焰浮起长度处的当量比 $\overline{\varPhi}_{LOL}$ 减小,使燃料与空气混合更加充分;其次,甲醇和正辛醇的添加会使混合燃料中的氧含量增加,从而提高碳烟的氧化速率;最后,随着甲醇比例的增加,液相燃料的蒸发与燃烧之间相互作用减弱,液相燃料在火焰中的蒸发导致火焰内部富燃料燃烧的比例减小,从而碳烟量减少。另外,研究还得出,长链烷烃结构的 HCB 对混合燃料中碳烟的生成起主导作用。

第6章　生物柴油燃烧性能评价系统构建

6.1　生物柴油燃烧性能评价系统构建背景

高品质生物柴油与传统低温石化柴油的掺混使用可提升低端柴油的品质,使其达到国标要求,而高品质生物柴油与国标柴油的掺混使用可使得发动机获得更低的油耗和排放。高品质生物柴油的产业化制备和市场推广可降低对石化柴油的依赖,减少发动机尾气排放,为全球的节能减排做出贡献。因此,对高品质生物柴油的研究具有重要的意义。但是由于高品质生物柴油与其他燃料混合燃烧特性和排放特性试验成本高,因此亟须对不同组分混合燃油的燃烧性能进行预测评价。

本章构建了生物柴油的燃油喷射、喷雾性能燃烧及碳烟特性、发动机性能等指标参数。其中,燃油喷射及喷雾性能指标包括空化数、流量系数、喷雾锥角、喷雾液相长度、喷雾气相长度、喷雾液核长度、喷雾粒径分布、喷雾速度场;燃烧及碳烟性能指标包括火焰浮起长度、着火滞燃期、温度、燃烧中间组分浓度、碳烟浓度分布;发动机性能指标包括油耗、CO、THC、NO_x、PM、PN、CO_2 排放、动力性、缸压、放热率特性。

建立生物柴油燃烧性能评价指标与燃油理化特性的关联数据库是搭建生物柴油燃烧性能评价指标体系的重要过程,本书主要基于 MySQL 数据库管理系统,构建了如图 6.1 所示的燃油理化属性、喷雾和燃烧特性数据库系统,并基于燃油物性对喷雾燃烧特性影响权重模型,搭建了初步的高品质生物柴油燃烧性能评价软件系统,如图 6.2 所示。

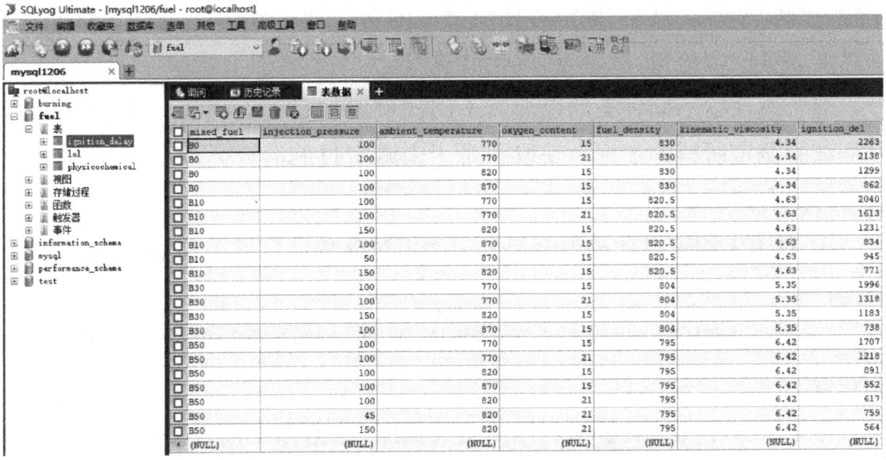

mixed_fuel	injection_pressure	ambient_temperature	oxygen_content	fuel_density	kinematic_viscosity	ignition_del
B0	100	770	15	830	4.34	2263
B0	100	770	21	830	4.34	2138
B0	100	820	15	830	4.34	1299
B0	100	870	15	830	4.34	862
B10	100	770	15	820.5	4.63	2040
B10	100	770	21	820.5	4.63	1613
B10	150	820	15	820.5	4.63	1231
B10	100	870	15	820.5	4.63	834
B10	50	870	15	820.5	4.63	945
B10	150	820	15	820.5	4.63	771
B30	100	770	15	804	5.35	1996
B30	100	770	21	804	5.35	1318
B30	150	820	15	804	5.35	1183
B30	100	870	15	804	5.35	738
B50	100	770	15	795	6.42	1707
B50	100	770	21	795	6.42	1218
B50	100	820	15	795	6.42	891
B50	100	870	15	795	6.42	552
B50	100	820	21	795	6.42	617
B50	45	820	21	795	6.42	759
B50	150	820	21	795	6.42	564
(NULL)	(NULL)	(NULL)	(NULL)	(NULL)	(NULL)	(NULL)

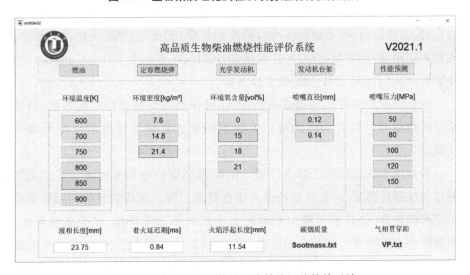

图 6.1　生物柴油理化属性及喷雾燃烧特性数据库

图 6.2　高品质生物柴油燃烧性能评价软件系统

6.2　生物柴油燃烧性能评价系统构建方法及实例

6.2.1　数据库构建

数据库的构建过程：首先，确定生物柴油的种类，包括二代生物柴油-直链和二代生物柴油-异构，另外将脂肪酸甲酯生物柴油考虑在内作为对比。其次，确定用来混合的常见燃油种类，包括柴油、汽油、正十二烷、甲醇、乙醇、丁醇、戊醇、辛醇。最后,确定各种纯燃油的对应理化特性,包括十六烷值、运动黏度、密度、含硫量、冷凝点、汽化潜热等。

混合燃油指不同种类的燃油以不同比例添加获得的燃油,其理化特性优先从试验测定所得的数据中获取。对于未测定过的混合燃油,其理化特性的获得方式有两种:

① 对于未测定过此种混合组分但测定过此种混合种类的情况,通过拟合获得;

② 对于未测定过此种混合种类的情况,通过纯燃油的理化特性按比例计算获得。

搜集所有相关试验数据制作试验数据库,数据库中包含了各种燃油的理化特性、各种燃油在不同试验条件下的喷雾燃烧特性及各种燃油使用标准十三工况测试的排放特性。试验条件包括环境温度、环境密度、环境氧含量、喷嘴直径、喷嘴压力;喷雾燃烧特性包括液相长度、着火延迟期、火焰浮起长度、气相贯穿距、碳烟质量;排放特性包括 BFSC(brake specific fuel consumption,燃油消耗率)、CO、HC、PM、NO_x 的比排放量。

该数据库不仅可作为检索的依据,还可作为拟合公式回归的依据、机器学习的数据集。拟合公式的确定及模型的训练在建立试验数据库后即可完成。

数据库中的高温高压静态环境下的喷雾燃烧特性都使用统一的定义和测试方法进行测量,并且试验处理方法也要求一致。试验装置统一用高温高压定容燃烧弹,该装置可模拟发动机上止点的热力学环境,试验条件可控。燃烧特性中的喷雾气相和液相轮廓分别由纹影法和阴影法获取,着火延迟期通过纹影图像判断获得,火焰浮起长度通过化学荧光法拍摄获取,碳烟质量基于扩散背景光消光法计算获得。

液相长度定义为当燃油蒸发速率等于燃油喷射速率时喷雾液相在轴向上稳定的最远距离。着火延迟期定义为从喷射开始到高温燃烧开始之间的时间间隔。火焰浮起长度定义为喷嘴位置分别与稳定火焰反应轴上区和轴下区最短距离的平均值。气相贯穿距定义为沿喷嘴轴线方向,喷嘴顶点与喷雾气相轮廓最远处之间的距离。

碳烟质量的计算公式为

$$m_{soot} = \rho \lambda A_r \cdot KL/k_e \tag{6.1}$$

式中,ρ 为碳烟密度;λ 为入射光波长;A_r 为碳烟区域的面积;K 为空间消光系数;L 为入射光在碳烟内的光学长度;k_e 为无量纲消光系数。

其中,液相长度、着火延迟期、火焰浮起长度在单次喷雾循环中都为一个值,在测量时进行多次循环,先剔除不可靠的数据再取平均值。气相贯穿距和碳烟质量都是随时间变化的系列值,在测量时也可进行多次循环,先剔除不可靠的数据再按时间点取平均值,最后结果也是一系列的值。

数据库中的排放特性同样使用统一的定义和测试方法测量,试验装置统一使用发动机台架、标准十三工况。

建立完数据库之后,即可对拟合公式中的常数进行回归、训练机器学习模型(见图6.3)。

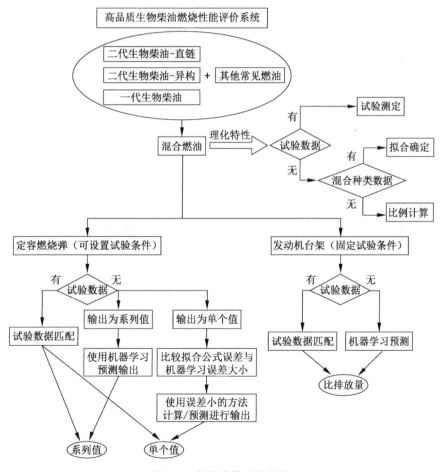

图6.3 数据库构建流程图

本研究中使用的拟合公式如下：

液相长度 LL 的拟合公式为

$$\text{LL} = A \cdot d \cdot \left(\frac{\rho_\text{f}}{\rho_\text{a}}\right)^B \cdot \left[\frac{\sum\limits_{i=1}^{n} m_i h_{\text{vap},i} + (T_{\text{b,max}} - T_\text{f}) \sum\limits_{i=1}^{n} m_i C_{p,i}}{C_{p,i}(T_\text{a} - T_{\text{b,max}}) \sum\limits_{i=1}^{n} m_i}\right]^C \tag{6.2}$$

着火延迟期 ID 的拟合公式为

$$\text{ID} \propto \exp\left(\frac{A}{T_\text{a}}\right) \cdot \rho_\text{a}^B \cdot (P_{\text{inj}} - P_\text{a})^C \cdot w(O_2)^D \cdot Z_{\text{st}}^E \tag{6.3}$$

火焰浮起长度 LOL 的拟合公式为

$$\text{LOL} \propto T_\text{a}^A \cdot \rho_\text{a}^B \cdot \left(\sqrt{2 \cdot \frac{P_{\text{inj}} - P_\text{a}}{\rho_\text{f}}}\right)^C \cdot w(O_2)^D \cdot Z_{\text{st}}^E \cdot \text{CN}^F \tag{6.4}$$

式中，d 表示喷嘴直径；ρ_f 表示燃油密度；ρ_a 表示环境密度；n 表示组成混合燃油的种类；m_i 表示质量分数；$h_{\text{vap},i}$ 表示汽化潜热；$T_{\text{b,max}}$ 表示最高沸点；T_f 表示燃油初始温度；$C_{p,i}$ 表示组分比热；$C_{p,\text{a}}$ 表示环境比热；T_a 表示环境温度；u_a 表示运动黏度；P_{inj} 表示喷射压力；P_a 表示环境压力；w_{O_2} 表示环境氧含量；Z_{st} 表示化学计量燃料质量分数；CN 表示燃油的十六烷值；A, B, C, D, E, F 表示常数，其数值通过已知的试验数据回归得到。

本测试方法中机器学习的应用分为两种：第一种应用预测的是单个值，喷雾燃烧特性中的液相长度、着火延迟期、火焰浮起长度及排放特性都是这样的值；第二种应用预测的是随时间变化的系列值，如气相贯穿距和碳烟质量。在本评价系统中对这两种应用不同的算法，第一种应用使用极限学习机，第二种应用使用深度神经网络。

在第一种应用中，使用的极限学习机为神经网络结构，包括输入层、单个隐藏层和输出层，如图 6.4 所示。极限学习机的输出公式为

$$Y = \sum_{i=1}^{L} \beta_i h_i(X) \tag{6.5}$$

$$h_i(X) = g(w_i X + b_i) \tag{6.6}$$

式中，Y 表示极限学习机的输出，$Y = [y_1, \cdots, y_m]^\text{T}$，$m$ 表示 m 个输出值；X 表示极限学习机的输入，$X = [x_1, \cdots, x_n]^\text{T}$，$n$ 表示 n 个输出值；β_i 表示隐藏层第 i 个节点与输出层之间的输出权重；h_i 表示第 i 个节点的输出；$g(\cdot)$ 表示激活函数；w_i 表示输入层与隐藏层第 i 个节点之间的权重；b_i 表示输入层与隐藏层第

i 个节点之间的偏差。

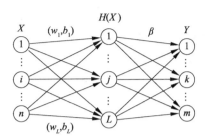

图 6.4　神经网络结构

模型中的 w_i 和 b_i 为随机产生值,要使模型的预测效果良好,关键在于 β 的确定,其计算公式为

$$\beta = \mathbf{H}'T \qquad (6.7)$$

式中,β 为连接隐藏层与输出层之间的权重;$\mathbf{H}'$ 为隐藏层输出的 Moore-Penrose 广义逆矩阵;T 为样本标签。

在本测试方法中,根据输入、输出的不同机器学习分成两种模型。图 6.5 为用于预测燃油在不同试验条件下的喷雾燃烧特性的模型示意图,其输入为燃油的理化特性和试验条件,输出为喷雾燃烧特性中的液相长度、着火延迟期、火焰浮起长度,将其作为模型一。图 6.6 为预测燃油在标准十三工况下的排放特性模型示意图,其输入为燃油的理化特性,输出为排放特性,将其作为模型二。

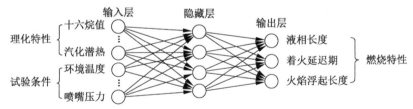

图 6.5　预测燃油在不同试验条件下的喷雾燃烧特性模型

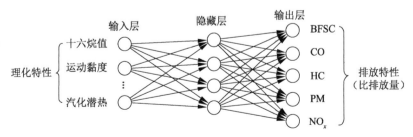

图 6.6　预测燃油在标准十三工况下的排放特性模型

在第二种应用中,使用的深度神经网络包括输入层、多个隐藏层和输出层。图6.7所示为由一个输入层、三个隐藏层、一个输出层组成的深度神经网络,其中隐藏层的节点数分别为5,3,4。

构建深层神经网络模型的步骤如下:

① 搭建神经网络,包括确定输入、输出值的数量,隐藏层的数量及各隐藏层的节点数、所用的激活函数。

② 初始化模型参数,包括各层之间连接的权重和偏差。

③ 前向循环:输入值后通过初始的权重、偏差值进行计算,得到输出。

④ 计算损失:通过损失函数计算第3步得到的实际输出与理论输出之间的误差。

⑤ 反向循环:从输出开始计算输出对每层权重和偏差的偏导。

⑥ 更新参数:根据偏导值计算新的权重和偏差值替代原来的值。

⑦ 整合:设定多次迭代,即重复步骤③~⑥直到神经网络输出值与理论输出值之间的误差小于给定值。

⑧ 将该神经网络用于预测。

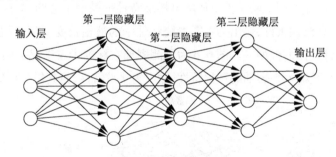

图6.7 深度神经网络

深度神经网络在本方法中用于预测气相贯穿距和碳烟质量,因此输入为理化特性和试验条件的值,输出为不同时间点对应的气相贯穿距、碳烟质量。其中,用于预测气相贯穿距的模型作为模型三,用于预测碳烟质量的模型作为模型四。

模型预测精度皆采用以下指标:

$$R^2 = 1 - \frac{\sum_{i=1}^{N}(\hat{y}_i - y_i)^2}{\sum_{i=1}^{N}(\bar{y}_i - y_i)^2} \tag{6.8}$$

$$\text{MSE} = \frac{1}{N} \sum_{i=1}^{N} |(y_i - \hat{y}_i)| \tag{6.9}$$

$$\text{MAPE} = \frac{1}{N} \sum_{i=1}^{N} \left| \frac{\hat{y}_i - y_i}{y_i} \right| \times 100\% \tag{6.10}$$

式中，N 表示数据点个数；$\hat{y}_i$ 表示预测值；y_i 表示真实值；$\dot{y}_i$ 表示真实值的均值。

R^2 为决定系数，其值在 0~1 之间，越接近 1 则模型预测性能越好；MSE 为均方误差，其值在 0~+∞ 之间，越接近 0 则模型预测性能越好；MAPE 为平均绝对百分比误差，其值在 0~+∞ 之间，越接近 0 则模型预测性能越好。

液相长度、着火延迟期、火焰浮起长度的拟合公式与机器学习的对比通过误差计算实现，如图 6.8 和图 6.9 所示。具体计算步骤如下：

① 将数据库中所有试验数据分别代入拟合公式计算拟合值，以此作为机器学习输入的预测值。

② 使用控制变量分别分析所有的输入参数，包括各种燃油组分、试验条件，计算拟合值或预测值与试验值的差值，并拟合出误差曲线。图 6.8 为计算液相长度时拟合公式的环境温度误差曲线。数据库中燃油种类有 m_1 种，可调的试验工况有 m_2 种，且有液相长度、着火延迟期、火焰浮起长度三种输出，则拟合公式和机器学习的误差曲线各有 $n = (m_1 + m_2) \times 3$ 条。

③ 以上两步为准备工作，在一组未经试验测定的数据输入时，首先将该组数据的各参数对应的数值分别通过拟合公式、机器学习的 n 条误差曲线计算出 n 个误差值，分别对液相长度、着火延迟期、火焰浮起长度的 $(m_1 + m_2)$ 个误差值进行求和计算，同时考虑各输入参数对结果的影响而引入权重，以液相长度为例，则有

$$S_{\text{LL},a} = \sum_{i=1}^{m_1+m_2} p_i e_{\text{LL},ai} \tag{6.11}$$

$$S_{\text{LL},b} = \sum_{i=1}^{m_1+m_2} p_i e_{\text{LL},bi} \tag{6.12}$$

式中，a 表示拟合公式计算；b 表示机器学习预测；p 表示各输入参数的权重；e 表示通过误差曲线计算出的误差值。

④ 以液相长度为例，比较 $S_{\text{LL},a}$ 和 $S_{\text{LL},b}$ 的大小，在实际应用中取值小的。

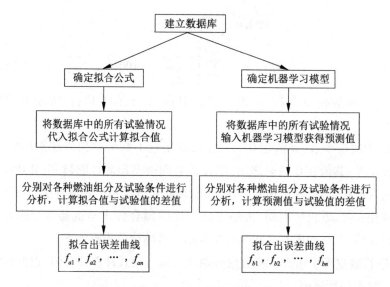

图 6.8　误差曲线计算

最终确定整个系统的三个模块,分别为数据库、拟合公式和机器学习。将各自能实现的功能对应到给定条件,应用误差对比流程,如图 6.9 所示。

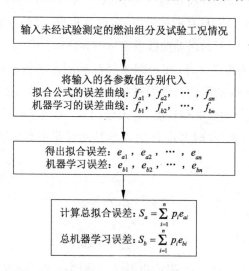

图 6.9　误差对比流程

误差对比的具体步骤如下:

① 输入混合燃油中各燃油的占比。

② 确定混合燃油的理化特性。

a. 优先选择试验测定值；

b. 若无试验测定,则通过拟合或按比例计算获得。

③ 选择定容燃烧弹或发动机台架。

a. 若选择定容燃烧弹,则可设置试验条件；

b. 若选择发动机台架,则为固定试验条件。

④ 在定容燃烧弹部分:

A. 首先进行试验数据库的匹配,若匹配到有试验数据,则输出试验所得的数据,包括液相长度、着火延迟期、火焰浮起长度、气相贯穿距、碳烟质量。

B. 若匹配不到试验数据,则采用以下三种方法。

a. 液相长度、着火延迟期、火焰浮起长度根据总误差值判断使用拟合公式计算或机器学习模型一预测；

b. 气相贯穿距、碳烟质量通过机器学习模型三、模型四预测；

c. 输出该混合燃油在特定试验条件下通过拟合公式计算或机器学习预测的结果,同时输出全部有试验数据的混合燃油通过拟合公式计算或机器学习预测的结果,以作参考和对比。

⑤ 在发动机台架部分:

a. 首先进行试验数据库的匹配,若匹配到有试验数据,则输出试验所得的数据,包括 BFSC,CO,HC,PM,NO$_x$ 的比排放量。

b. 若匹配不到试验数据,则通过机器学习模型二进行预测,输出结果包括 BFSC,CO,HC,PM,NO$_x$ 的比排放量,同时输出全部有试验数据的混合燃油通过该模型预测的结果,以作参考和对比。

6.2.2　生物柴油数据库构建实例

（1）加氢催化生物柴油/戊醇的理化特性数据库构建

计算以二代生物柴油-直链为试验燃油,与戊醇进行混合且体积比为 80:20 时的混合燃油的理化特性,并且数据库中没有二代生物柴油-直链与戊醇混合的任何数据。

在这种情况下,通过纯燃油的理化特性按比例计算获得。已知二代生物柴油-直链的密度为 786 kg/m^3,戊醇的密度为 815 kg/m^3,则混合燃油的密度为

$$\rho_{\text{mixed}} = \sum_{i=1}^{n} \frac{V_i}{100} \times \rho_i = \frac{80}{100} \times 786 + \frac{20}{100} \times 815 = 791.8 \text{ kg/m}^3$$

式中，V 表示混合燃油中某种燃油所占的体积；ρ 表示混合燃油中某种燃油的密度；i 表示混合燃油中不同的燃油种类；n 表示混合燃油中共有的燃油种类。

其余理化特性如十六烷值、运动黏度等可通过计算获得。

（2）定容燃烧弹燃油的燃烧特性数据库构建

设定情况一：试验已经测得以二代生物柴油-直链为试验燃油，与甲醇、正辛醇进行混合且三者体积比为 58∶25∶17 时的混合燃油的理化特性及给定试验工况对应燃烧性能的相关数据。

设定情况二：试验未测得以二代生物柴油-直链为试验燃油，与甲醇、正辛醇进行混合且三者体积比为 70∶15∶15 时的混合燃油的理化特性及给定试验工况对应燃烧性能的相关数据。

情况一：存在可靠的试验数据，直接将其作为预测结果。该结果包含单个值形式的液相长度、着火延迟期、火焰浮起长度及随时间变化的碳烟质量、气相贯穿距。

情况二：不存在试验数据。对液相长度、着火延迟期、火焰浮起长度，通过比较拟合公式与机器学习的总误差并选择总误差小的方法输出；对碳烟质量、气相贯穿距，直接使用机器学习预测输出。步骤如下：

首先，将液相长度、着火延迟期、火焰浮起长度这组数据的各参数对应的数值分别通过拟合公式、机器学习的 n 条误差曲线计算出 n 个误差值，分别对液相长度、着火延迟期、火焰浮起长度的 (m_1+m_2) 个误差值进行求和计算，且不考虑各参数的权重。计算得出

$$S_{LL,a}>S_{LL,b}, S_{ID,a}>S_{ID,b}, S_{LOL,a}<S_{LOL,b} \tag{6.13}$$

因此，液相长度及着火延迟期通过拟合公式计算，火焰浮起长度通过机器学习预测。

确定液相长度及着火延迟期的拟合公式为

$$LL=518.6 \cdot d \cdot \frac{\rho_f}{\rho_a} - 0.54 \cdot \left[\frac{\sum_{i=1}^{n} m_i h_{vap,i} + (T_{b,max} - T_f) \sum_{i=1}^{n} m_i C_{p,i}}{C_{p,i}(T_a - T_{b,max}) \sum_{i=1}^{n} m_i} \right]^{0.82}$$

$$\tag{6.14}$$

$$ID=0.18 \cdot \exp\left(\frac{7\,085}{T_a}\right) \cdot (P_{inj}-P_a)^{-0.26} \cdot Z_{st}^{2.03} \tag{6.15}$$

将已知值代入公式计算可获得包括液相长度及着火延迟期的结果。

然后,使用机器学习模型一进行预测火焰浮起长度值。

气相贯穿距通过模型三预测得到,碳烟质量通过模型四预测得到。

最后,输出拟合公式计算或机器学习预测的结果,同时输出全部有试验数据的混合燃油通过该拟合公式或机器学习预测的结果。

（3）发动机排放特性数据库构建

设定情况一:试验已经测得以二代生物柴油-直链为试验燃油,与柴油进行混合且二者体积比为 20∶80 时的混合燃油的理化特性及燃烧性能的相关数据。

设定情况二:试验未测得以二代生物柴油-直链为试验燃油,与柴油进行混合且二者体积比为 40∶60 时的混合燃油的理化特性及燃烧性能的相关数据。

情况一:若存在可靠的试验数据,则直接将其作为预测结果。该结果呈现为单个值形式的比排放量,包括 BFSC,CO,HC,PM,NO_x 的比排放量。

情况二:若不存在试验数据,则使用机器学习模型二预测比排放量,同时输出全部有试验数据的混合燃油通过该模型预测的结果。

6.3　本章小结

本章介绍了生物柴油燃烧性能评价体系构建的背景及方法,主要内容如下:

① 构建了生物柴油燃油喷射、喷雾性能燃烧及碳烟特性、发动机性能等指标体系。其中,燃油喷射及喷雾性能指标包括空化数、流量系数、喷雾锥角、喷雾液相长度、喷雾气相长度、喷雾液核长度、喷雾粒径分布、喷雾气/液相浓度分布、喷雾速度场;燃烧及碳烟性能指标包括火焰浮起长度、着火滞燃期、温度、燃烧中间组分浓度、碳烟浓度分布;发动机性能指标包括油耗、CO、THC、NO_x、PM、PN、CO_2 排放、动力性、缸压、放热率特性。

② 基于 MySQL 数据库管理系统,构建了燃油理化属性、喷雾和燃烧特性的数据库系统并实现检索功能,使得能够通过试验数据库快速得到目标燃油对应的重要参数的试验值。构建燃油物性对喷雾燃烧特性影响的权重模型,获得了燃油物性和环境特性对喷雾液相长度 LL、气相贯穿距 S、着火延迟期 τ 和火焰浮起长度 LOL 的影响权重。

③ 在 MySQL 数据库管理系统软件中采用机器学习训练试验数据和嵌入经验公式及权重模型的方式,构建了高品质生物柴油燃烧性能软件评价系统。该评价系统通过调用环境条件和工况条件及燃油理化特性参数,能够获得不同组分生物柴油的喷雾、燃烧、碳烟和排放特性参数。

参考文献

［1］国家统计局. 中华人民共和国 2022 年国民经济和社会发展统计公报［J］. 中国统计, 2023(3):12-29.

［2］生态环境部. 中国移动源环境管理年报(2023)［J］. 环境保护, 2024,52(2):48-62.

［3］张光耀. 欧盟可再生能源法律和政策现状及展望［J］. 中外能源, 2020,25(1):25-32.

［4］BANAPURMATH N R , TEWARI P G , HOSMATH R S . Experimental investigations of a four-stroke single cylinder direct injection diesel engine operated on dual fuel mode with producer gas as inducted fuel and honge oil and its methyl ester (HOME) as injected fuels［J］. Renewable Energy, 2008,33(9): 2007-2018.

［5］SCHUMACHER L G , BORGELT S C , FOSSEEN D ,et al. Heavyduty engine exhaust emission tests using methyl ester soybean oil/diesel fuel blends ［J］. Bioresource Technology, 1996, 57(1):31-36.

［6］MCCORMICK R L , GRABOSKI M S , ALLEMAN T L ,et al. Impact of biodiesel source material and chemical structure on emissions of criteria pollutants from a heavy-duty engine［J］. Environmental Science & Technology, 2001, 35(9):1742-1747.

［7］MONYEM A ,VAN GERPEN J H. The effect of biodiesel oxidation on engine performance and emissions［J］. Biomass & Bioenergy, 2001, 20(4):317-325.

［8］YOSHIMOTO Y, ONODERA M, TAMAKI H. Performance of a diesel engine using transesterified fuel from vegetable oil. effects of water emulsification［J］. Transactions of the Japan Society of Mechanical Engineers, 2001, 67(653):264-271.

［9］WANG W G, LYONS D W, CLARK N N,et al. Emissions from nine heavy trucks fueled by diesel and biodiesel blend without engine modification［J］. Environmental Science & Technology, 2000,34(6):933-939.

［10］AN H, YANG W M, MAGHBOULI A,et al. Performance, combustion and emission characteristics of biodiesel derived from waste cooking oils［J］. Applied Energy, 2013,112:493-499.

［11］KATARIA J, MOHAPATRA S K, KUNDU K. Biodiesel production from waste cooking oil using heterogeneous catalysts and its operational characteristics on variable compression ratio CI engine［J］. Journal of the Energy Institute, 2019,92(2):275-287.

［12］YOON S H , PARK S W , KIM D S ,et al. Combustion and emission characteristics of biodiesel fuels in a common-rail diesel engine［C］. ASME 2005 Internal Combustion Engine Division Fall Technical Conference,Ottawa, Ontario, Canada, 2005.

［13］PASTOR J V,PASTOR J M, GIMENO J ,et al. The effect of biodiesel fuel blend rate on the liquid-phase fuel penetration in diesel engine conditions ［C］. SAE Technical Paper Series, https://doi. org/10. 4271/2009-24-0051.

［14］KOOK S, PICKETT L M. Liquid length and vapor penetration of conventional, Fischer-Tropsch, coal-derived, and surrogate fuel sprays at high-temperature and high-pressure ambient conditions［J］. Fuel, 2012, 93:539-548.

［15］KIM H J , PARK S H , LEE C S . Overall spray characteristics of dimethyl ether and biodiesel fuel under the ambient pressure conditions in a high pressure chamber［J］. Journal of Thermal Science and Technology, 2009, 4(3): 391-399.

［16］LIU J L, WANG H, LI Y, et al. Effects of diesel/PODE (polyoxymethylene dimethyl ethers) blends on combustion and emission characteristics in a heavy duty diesel engine［J］. Fuel, 2016,177:206-216.

［17］WANG Z, SHEN L, LEI J, et al. Impact characteristics of post injection on exhaust temperature and hydrocarbon emissions of a diesel engine［J］. Energy Reports, 2022,8:4332-4343.

［18］LIU H, WANG X, WU Y, et al. Effect of diesel/PODE/ethanol blends on combustion and emissions of a heavy duty diesel engine［J］. Fuel, 2019,257:116064.

［19］LENG X Y, HUANG H, GE Q, et al. Effects of hydrogen enrichment on the combustion and emission characteristics of a turbulent jet ignited medium speed natural gas engine: A numerical study[J]. Fuel, 2021,290:119966.

[20] YANO J, AOKI T, NAKAMURA K, et al. Life cycle assessment of hydrogenated biodiesel production from waste cooking oil using the catalytic cracking and hydrogenation method[J]. Waste Management, 2015,38:409-423.

[21] ZHANG Y Z, LI Z L, TAMILSELVAN P, et al. Experimental study of combustion and emission characteristics of gasoline compression ignition (GCI) engines fueled by gasoline-hydrogenated catalytic biodiesel blends[J]. Energy, 2019,187:115931.

[22] E J Q, LIU T, YANG W M, et al. Effects of fatty acid methyl esters proportion on combustion and emission characteristics of a biodiesel fueled diesel engine[J]. Energy Conversion and Management, 2016,117:410-419.

[23] ZHANG Z, E J Q, DENG Y W, et al. Effects of fatty acid methyl esters proportion on combustion and emission characteristics of a biodiesel fueled marine diesel engine[J]. Energy Conversion and Management, 2018,159:244-253.

[24] CAO J, LENG X, HE Z, et al. Experimental study of the diesel spray combustion and soot characteristics for different double-injection strategies in a constant volume combustion chamber[J]. Journal of the Energy Institute, 2020, 93(1):335-350.

[25] LI D, HE Z, XUAN T, et al. Simultaneous capture of liquid length of spray and flame lift-off length for second-generation biodiesel/diesel blended fuel in a constant volume combustion chamber[J]. Fuel, 2017,189:260-269.

[26] XUAN T M, DESANTES J M, PASTOR J V, et al. Soot temperature characterization of spray a flames by combined extinction and radiation methodology[J]. Combustion and Flame, 2019,204:290-303.

[27] XUAN T, EL-SEESY A I, MI Y, et al. Effects of an injector cooling jacket on combustion characteristics of compressed-ignition sprays with a gasoline-hydrogenated catalytic biodiesel blend[J]. Fuel, 2020,276:117947.

[28] ZHONG W, TAMILSELVAN P, WANG Q, et al. Experimental study of spray characteristics of diesel/hydrogenated catalytic biodiesel blended fuels under inert and reacting conditions[J]. Energy, 2018,153:349-358.

［29］SHANG W, HE Z, WANG Q, et al. Experimental and analytical study on capture spray liquid penetration and combustion characteristics simultaneously with Hydrogenated Catalytic Biodiesel/Diesel blended fuel［J］. Applied Energy, 2018,226:947-956.

［30］ZHONG W, XUAN T, HE Z, et al. Experimental study of combustion and emission characteristics of diesel engine with diesel/second-generation biodiesel blending fuels［J］. Energy Conversion and Management, 2016,121:241-250.

［31］XUAN T, CAO J, HE Z, et al. A study of soot quantification in diesel flame with hydrogenated catalytic biodiesel in a constant volume combustion chamber［J］. Energy, 2018,145:691-699.

［32］XUAN T, PASTOR J V, GARCÍA-OLIVER J M, et al. In-flame soot quantification of diesel sprays under sooting/non-sooting critical conditions in an optical engine［J］. Applied Thermal Engineering, 2019,149:1-10.

［33］ZHONG W, LI B, HE Z, et al. Experimental study on spray and combustion of gasoline/hydrogenated catalytic biodiesel blends in a constant volume combustion chamber aimed for GCI engines［J］. Fuel, 2019,253:129-38.

［34］XUAN T M, SUN Z C, EL-SEESY A I, et al. An optical study on spray and combustion characteristics of ternary hydrogenated catalytic biodiesel/methanol/n-octanol blends; part Ⅱ: Liquid length and in-flame soot［J］. Energy, 2021,227:120543.

［35］黄慧龙,王忠,毛功平,等. 生物柴油发动机非常规排放物及测试方法［J］. 车用发动机, 2008(51):17-20.

［36］王忠,许广举,毛功平,等. 生物柴油燃料特性参数对 NO_x 排放影响的分析［J］. 内燃机工程, 2010,31(2):68-71.

［37］董芳,丁泠然. 生物柴油调合燃料润滑性能的研究［J］. 润滑与密封, 2010, 35(6):112-116.

［38］周映,张志永,赵晖,等. 生物柴油对柴油机燃油系统橡胶、金属和塑料件的性能影响研究［J］. 汽车工程,2008,30(10):875-879.

［39］陈永龙,周映,胡宗杰,等. 生物柴油混合燃料对发动机燃油系统橡胶、金属及塑料件的性能影响研究［C］//中国汽车工程学会. 2009 中国汽车工程学会年会论文集［M］. 机械工业出版社,2009:264-267.

［40］陈英明,陆继东,肖波,等. 生物柴油原料资源利用与开发［J］. 能源工程,2007,27(1):33-37.

［41］李昌珠,李培旺,肖志红,等. 我国木本生物柴油原料研发现状及产业化前景［J］. 中国农业大学学报,2012,17(6):165-170.

［42］丰洋. 纳斯特公司与芬兰造纸商合作开发木材废料生产生物燃料技术［J］. 石油炼制与化工, 2007, 38(7):59.

［43］RAY A. Second-generation hydrocarbon fuels from oil palm by-products ［J］. Journal of Oil Palm & the Environment, 2013, 4(3):22-28.

［44］王春梅. 压燃发动机燃用不同原料生物柴油的燃烧与排放特性［D］. 大连:大连理工大学,2015.

［45］钟汶君. 二代生物柴油喷雾燃烧特性和碳烟生成过程可视化研究［D］. 镇江:江苏大学,2016.

［46］KALE P R, KULKARNI A , NANDI S. Synthesis of biodiesel from low-cost vegetable oil and prediction of the fuel properties of a biodiesel-diesel mixture［J］. IndustrialEngineering and Chemistry Research,2014,19654-19659.

［47］SUH H K, ROH H G, LEE C S. Spray and combustion characteristics of biodiesel/diesel blended fuel in a direct injection common-rail diesel engine［J］. Journal of Engineering for Gas Turbines and Power, 2008,130(3):1.

［48］HIRKUDE J, VEDARTHAM D M. Impact of injection parameters on performance and emission characteristics of biodiesel from waste palm oil［C］. 10th SDEWES Conference, Dubrovnik, Croatia,2015.

［49］ZHANG Z Q, LV J S, LI W Q,et al. Performance and emission evaluation of a marine diesel engine fueled with natural gas ignited by biodiesel-diesel blended fuel［J］. Energy, 2022, 256:124662.

［50］HUANG G S, LI Z Y, FU X G,et al. Development status and prospects for second-generation biodiesel technology［J］. Modern Chemical Industry, 2012,32(6):6-10.

［51］MOFIJUR M, RASUL M G, HASSAN N M S. Recent development in the production of third generation biodiesel from microalgae［C］. International Conference on Power and Energy Systems Engineering,2019.

［52］刘军峰. 第三代生物柴油的开发研究［D］. 北京:北京化工大

学,2013.

[53] KSHIRSAGAR C M, ANAND R. An overview of biodiesel extraction from the third generation biomass feedstock: Prospects and challenges[J]. Applied Mechanics and Materials, 2014,(592-594):1881-1885.

[54] HWANG J, JUNG Y, BAE C. Spray and combustion of waste cooking oil biodiesel in a compression-ignition engine[J]. International Journal of Engine Research, 2015, 16(5):664-679.

[55] LAPUERTA M, AGUDELO J R, PROROK M, et al. Bulk modulus of compressibility of diesel/biodiesel/HVO blends[J]. Energy and Fuels, 2012, 26(2):1336-1343.

[56] MATTARELLI E,RINALDINI C A, SAVIOLI T. Combustion analysis of a diesel engine running on different biodiesel blends[J]. Energies, 2015, 8(4):3047-3057.

[57] ZHONG W, PACHIANNAN T, LI Z, et al. Combustion and emission characteristics of gasoline/hydrogenated catalytic biodiesel blends in gasoline compression ignition engines under different loads of double injection strategies[J]. Applied Energy, 2019,251:113296.

[58] LIU Q, PACHIANNAN T, ZHONG W, et al. Effects of injection strategies coupled with gasoline-hydrogenated catalytic biodiesel blends on combustion and emission characteristics in GCI engine under low loads[J]. Fuel, 2022,317: 123490.

[59] ZHANG Y, ZHAN L, HE Z, et al. An investigation on gasoline compression ignition (GCI) combustion in a heavy-duty diesel engine using gasoline/hydrogenated catalytic biodiesel blends[J]. Applied Thermal Engineering, 2019, 160:113952.

[60] ZHONG W, PACHIANNAN T, HE Z, et al. Experimental study of ignition, lift-off length and emission characteristics of diesel/hydrogenated catalytic biodiesel blends[J]. Applied Energy, 2019,235:641-652.

[61] ZHONG W, XIANG Q, PACHIANNAN T, et al. Experimental study on in-flame soot formation and soot emission characteristics of gasoline/hydrogenated catalytic biodiesel blends[J]. Fuel, 2021,289:119813.

［62］REDEL-MACÍAS M D, HERVÁS-MARTÍNEZ C, GUTIÉRREZ P A, et al. Computational models to predict noise emissions of a diesel engine fueled with saturated and monounsaturated fatty acid methyl esters［J］. Energy, 2018, 144:110-119.

［63］GARCÍA-MORALES R, ZÚÑIGA-MORENO A, VERÓNICO-SÁNCHEZ F J, et al. Fatty acid methyl esters from waste beef tallow using supercritical methanol transesterification［J］. Fuel, 2022,313:122706.

［64］MATHEW B C, THANGARAJA J. Material compatibility of fatty acid methyl esters on fuel supply system of CI engines［J］. Materials Today-Proceedings, 2018,5(5):11678-11685.

［65］NICULESCU R, NÁSTASE M, CLENCI A. On the determination of the distillation curve of fatty acid methyl esters by gas chromatography［J］. Fuel, 2022,314:123143.

［66］IBADURROHMAN I A, HAMIDI N, YULIATI L. The role of the unsaturation degree on the droplet combustion characteristics of fatty acid methyl ester ［J］. Alexandria Engineering Journal, 2022,61(3):2046-2060.

［67］BABINSZKI B, JAKAB E, TERJÉK V, et al. In situ formation of fatty acid methyl esters via thermally assisted methylation by lignin during torrefaction of oil palm biomass ［J］. Journal of Analytical and Applied Pyrolysis, 2022, 168:105720.

［68］PHAM P X, BODISCO T A, RISTOVSKI Z D, et al. The influence of fatty acid methyl ester profiles on inter-cycle variability in a heavy duty compression ignition engine［J］. Fuel, 2014,116:140-50.

［69］PRABAKARAN S, MANIMARAN R, MOHANRAJ T, et al. Performance analysis and emission characteristics of VCR diesel engine fuelled with algae biodiesel blends［J］. Materials Today-Proceedings, 2021,45:2784-2788.

［70］KHAN M M, SHARMA R P, KADIAN A K, et al. An assessment of alcohol inclusion in various combinations of biodiesel-diesel on the performance and exhaust emission of modern-day compression ignition engines: A review［J］. Materials Science for Energy Technologies. 2022,5:81-98.

［71］WANG Z, SHEN L, LEI J, et al. Impact characteristics of post injection on exhaust temperature and hydrocarbon emissions of a diesel engine[J]. Energy Reports, 2022,8:4332-4343.

[72] PACHIANNAN T, ZHONG W, RAJKUMAR S, et al. A literature review of fuel effects on performance and emission characteristics of low-temperature combustion strategies[J]. Applied Energy, 2019,251:113380.

[73] PACHIANNAN T, ZHONG W, XUAN T, et al. Simultaneous study on spray liquid length, ignition and combustion characteristics of diesel and hydrogenated catalytic biodiesel in a constant volume combustion chamber[J]. Renewable Energy, 2019,140:761-771.

[74] GAD M S, HE Z, EL-SHAFAY A S, et al. Combustion characteristics of a diesel engine running with Mandarin essential oil -diesel mixtures and propanol additive under different exhaust gas recirculation: Experimental investigation and numerical simulation [J]. Case Studies in Thermal Engineering, 2021, 26:101100.

[75] KANDASAMY S, NARAYANAN M, HE Z, et al. Current strategies and prospects in algae for remediation and biofuels: An overview[J]. Biocatalysis and Agricultural Biotechnology, 2021,35:102045.

[76] REHMAN S, ALAM S S. Rate of heat release characteristics of supercritical sprays of dieseline blend in constant volume combustion chamber[J]. Results in Engineering, 2020,6:100121.

[77] OLMEDA P, GARCÍA A, MONSALVE-SERRANO J, et al. Experimental investigation on RCCI heat transfer in a light-duty diesel engine with different fuels: Comparison versus conventional diesel combustion[J]. Applied Thermal Engineering, 2018,144:424-436.

[78] RAUT A, IRDMOUSA B K, SHAHBAKHTI M. Dynamic modeling and model predictive control of an RCCI engine[J]. Control Engineering Practice, 2018,81:129-144.

[79] ZHENG Z, XIA M, LIU H, et al. Experimental study on combustion and emissions of n-butanol/biodiesel under both blended fuel mode and dual fuel RCCI mode[J]. Fuel, 2018,226:240-251.

[80] ZHENG Z, XIA M, LIU H, et al. Experimental study on combustion

and emissions of dual fuel RCCI mode fueled with biodiesel/n-butanol, biodiesel/ 2,5-dimethylfuran and biodiesel/ethanol[J]. Energy, 2018,148:824-838.

[81] PAN S, LIU X, CAI K, et al. Experimental study on combustion and emission characteristics of iso-butanol/diesel and gasoline/diesel RCCI in a heavy-duty engine under low loads[J]. Fuel, 2020,261:116434.

[82] SHU J, FU J, ZHANG Y, et al. Influences of natural gas energy fraction on combustion and emission characteristics of a diesel pilot ignition natural gas engine based on a reduced chemical kinetic model[J]. Fuel, 2020,261:116432.

[83] XIA L, DE JAGER B, DONKERS T, et al. Robust constrained optimization for RCCI engines using nested penalized particle swarm[J]. Control Engineering Practice, 2020,99:104411.

[84] YANG B, DUAN Q, LIU B, et al. Parametric investigation of low pressure dual-fuel direct injection on the combustion performance and emissions characteristics in a RCCI engine fueled with diesel and CH_4[J]. Fuel, 2020,260: 116408.

[85] REITZ R D, DURAISAMY G. Review of high efficiency and clean reactivity controlled compression ignition (RCCI) combustion in internal combustion engines[J]. Progress in Energy and Combustion Science, 2015,46:12-71.

[86] LI Y, JIA M, CHANG Y, et al. Principle of determining the optimal operating parameters based on fuel properties and initial conditions for RCCI engines[J]. Fuel, 2018,216:284-295.

[87] BORTEL I, VÁVRA J, TAKÁTS M. Effect of HVO fuel mixtures on emissions and performance of a passenger car size diesel engine[J]. Renewable Energy, 2019,140:680-691.

[88] KARAVALAKIS G, JIANG Y, YANG J, et al. Emissions and fuel economy evaluation from two current technology heavy-duty trucks operated on HVO and FAME blends[J]. SAE International Journal of Fuels and Lubricants. 2016, 9(1):177-190.

[89] TIPANLUISA L, FONSECA N, CASANOVA J, et al. Effect of n-butanol/diesel blends on performance and emissions of a heavy-duty diesel engine tested under the world harmonised steady-state cycle[J]. Fuel, 2021,302:121204.

［90］TIPANLUISA L, THAKKAR K, FONSECA N, et al. Investigation of diesel/n-butanol blends as drop-in fuel for heavy-duty diesel engines: Combustion, performance, and emissions［J］. Energy Conversion and Management, 2022,255:115334.

［91］BASARAN H U, OZSOYSAL O A. Effects of application of variable valve timing on the exhaust gas temperature improvement in a low-loaded diesel engine［J］. Applied Thermal Engineering, 2017,122:758-767.

［92］MERA Z, FONSECA N, CASANOVA J, et al. Influence of exhaust gas temperature and air-fuel ratio on NO_x aftertreatment performance of five large passenger cars［J］. Atmospheric Environment. 2021,244:117878.

［93］ZHANG L, ZHANG N, PENG X, et al. A review of studies of mechanism and prediction of tip vortex cavitation inception［J］. Journal of Hydrodynamics, 2015, 27(4): 488-495.

［94］周晗. 燃油介质因素对柴油机喷嘴内空化瞬态流动及喷雾影响的试验研究［D］. 镇江:江苏大学, 2020.

［95］HARTIKKA T, KURONEN M, KIISKI U. Technical performance of HVO (hydrotreated vegetable oil) in diesel engines［J］. SAE Technical Paper Series2012.

［96］KHALIFE E, TABATABAEI M, DEMIRBAS A, et al. Impacts of additives on performance and emission characteristics of diesel engines during steady state operation［J］. Progress in Energy and Combustion Science, 2017,59:32-78.

［97］LIU J, HUANG Q, ULISHNEY C, et al. Machine learning assisted prediction of exhaust gas temperature of a heavy-duty natural gas spark ignition engine［J］. Applied Energy, 2021,300:117413.

［98］MOREY F, SEERS P. Comparison of cycle-by-cycle variation of measured exhaust-gas temperature and in-cylinder pressure measurements［J］. Applied Thermal Engineering, 2010,30(5):487-91.

［99］RAI V R, SHRINGI D, MATHUR Y B. Performance evaluation of diesel-jatropha biodiesel-methanol blends in CI engine［J］. Materials Today: Proceedings, 2022,51:1561-1567.

［100］PAYRI R, GARCÍA-OLIVER, JOSE M, et al. A study on diesel spray tip penetration and radial expansion under reacting conditions[J]. Applied Thermal Engineering, 2015, 90:619-629.

[101] PAYRI R, JAIME G, SANTIAGO C, et al. Experimental study of the influence of the fuel and boundary conditions over the soot formation in multi-hole diesel injectors using high-speed color diffused back-illumination technique[J]. Applied Thermal Engineering, 2019, 158:113-126.

[102] CHOI M, MOHIUDDIN K, KIM N, et al. Investigation of the effects of EGR rate, injection strategy and nozzle specification on engine performances and emissions of a single cylinder heavy duty diesel engine using the two color method [J]. Applied Thermal Engineering, 2021,193:117036.

[103] XUAN T, SUN Z, EL-SEESY A I, et al. An optical study on spray and combustion characteristics of ternary hydrogenated catalytic biodiesel/methanol/n-octanol blends; part Ⅰ: Spray morphology, ignition delay, and flame lift-off length[J]. Fuel, 2021,289:119762.

[104] ZHANG Y, HE Z, LENG X, et al. Numerical investigation of the effect of fuel concentration stratification on gasoline compression ignition combustion under low-to-medium load conditions[J]. Fuel, 2021,289:119957.

[105] ZHONG W, PACHIANNAN T, LIU Q, et al. Experimental study the effect of injection strategies on combustion and emission characteristics in gasoline compression ignition engines using gasoline/hydrogenated catalytic biodiesel blends [J]. Fuel, 2020,278:118156.

[106] ZHONG W, YUAN Q, LIAO J, et al. Experimental and modeling study of the autoignition characteristics of gasoline/hydrogenated catalytic biodiesel blends over low-to-intermediate temperature[J]. Fuel, 2022,313:122919.

[107] ZHU Y, ZHANG Y, HE Z, et al. A numerical investigation of gasoline/diesel direct dual fuel stratification (DDFS) combustion at high loads[J]. Fuel, 2022,312:122751.

[108] SHANG W, CAO J, YANG S, et al. In-flame soot quantification of N-Hexadecane droplets using diffused back-illumination extinction imaging[J]. Case Studies in Thermal Engineering, 2022,30:101699.

[109] EL-SEESY A I, WALY M S, HE Z, et al. Influence of quaternary

combinations of biodiesel/methanol/n-octanol/diethyl ether from waste cooking oil on combustion, emission, and stability aspects of a diesel engine[J]. Energy Conversion and Management, 2021,240:114268.

[110] LEQUIEN G, BERROCAL E, GALLO Y, et al. Effect of jet-jet interactions on the liquid fuel penetration in an optical heavy-duty DI diesel engine [J]. Sae Technical Papers, 2013,2:1-11.

[111] ESPEY C, DEC J E. The effect of TDC temperature and density on the liquid-phase fuel penetration in a D. I. Diesel engine[J]. SAE Inernational, 1995,104(4):1400-1416.

[112] SINGH S, MUSCULUS M P B, REITZ R D. Mixing and flame structures inferred from OH-PLIF for conventional and low-temperature diesel engine combustion[J]. Combust Flame, 2009,156(10):1898-1908.

[113] SIEBERS D, SIEBERS B. Flame lift-off on direct-injection diesel sprays under quiescent conditions[J]. SAE Technical Papers, 2001. DOI: 10. 4271/2001-01-0530.

[114] PICKETT L M, SIEBERS D L. Soot in diesel fuel jets: Effects of ambient temperature, ambient density, and injection pressure[J]. Combustion and Flame, 2004,138(1):114-135.

[115] PETERS N. Turbulent combustion [M]. Cambridge: University Press, 2000.

[116] SOM S , WANG Z , LIU W ,et al. Cambridge:Comparison of different chemical kinetic models for biodiesel combustion[C]. ASME 2013 Internal Combustion Engine Division Fall Technical Conference,2013.

[117] BATTISTONI M , GRIMALDI C N . Analysis of transient cavitating flows in diesel injectors using diesel and biodiesel fuels[J]. SAE International, 2010,3(2):879-900. DOI:10. 4271/2010-01-2245.

[118] 耿莉敏,王城,魏有涛,等. 生物质混合燃料在柴油机喷嘴内流动特性模拟[J]. 农业工程学报, 2017, 33(21):70-77.

[119] HE Z X, ZHONG W, WANG Q ,et al. An investigation of transient nature of the cavitating flow in injector nozzles[J]. Applied Thermal Engineering, 2013, 54(1):56-64.

［120］YU W, YANG W, MOHAN B, et al. Macroscopic spray characteristics of wide distillation fuel（WDF）［J］. Applied Energy, 2017,185:1372-1382.

［121］YU W, YANG W, TAY K,et al. Macroscopic spray characteristics of kerosene and diesel based on two different piezoelectric and solenoid injectors［J］. Experimental Thermal and Fluid Science, 2016,76:12-23.

［122］ZHAN C, FENG Z, MA W, et al. Experimental investigation on effect of ethanol and di-ethyl ether addition on the spray characteristics of diesel/biodiesel blends under high injection pressure［J］. Fuel, 2018,218:1-11.

［123］KHOOBBAKHT G, KARIMI M, KHEIRALIPOUR K. Effects of biodiesel-ethanol-diesel blends on the performance indicators of a diesel engine: A study by response surface modeling［J］. Applied Thermal Engineering, 2019,148:1385-1394.

［124］LU Z, YANG Y, BREAR M J. Oxidation of PRFs and ethanol/iso-octane mixtures in a flow reactor and the implication for their octane blending［J］. Proceedings of the Combustion Institute, 2019,37(1):649-656.

［125］MANIGANDAN S, ATABANI A E, PONNUSAMY V K, et al. Impact of additives in jet-A fuel blends on combustion, emission and exergetic analysis using a micro-gas turbine engine［J］. Fuel, 2020,276:118104.

［126］MYUNG C L, CHOI K, CHO J, et al. Evaluation of regulated, particulate, and BTEX emissions inventories from a gasoline direct injection passenger car with various ethanol blended fuels under urban and rural driving cycles in Korea［J］. Fuel, 2020,262:116406.

［127］PRADELLE F,BRAGE S L, DE AGUIAR MARTINS A R F, et al. Performance and combustion characteristics of a compression ignition engine running on diesel-biodiesel-ethanol（DBE）blends:Potential as diesel fuel substitute on an Euro Ⅲ engine［J］. Renewable Energy, 2019,136:586-598.

［128］CHEN R, NISHIDA K, SHI B. Quantitative investigation on the spray mixture formation for ethanol-gasoline blends via UV－Vis dual-wavelength laser absorption scattering（LAS）technique［J］. Fuel, 2019,242:425-437.

［129］WU B, JIA Z, LI Z G, et al. Different exhaust temperature management technologies for heavy-duty diesel engines with regard to thermal efficiency

[J]. Applied Thermal Engineering, 2021,186:116495.

[130] ZHANG Q, LI Z, WEI Z, et al. Experiment investigation on the e-mission characteristics of a stoichiometric natural gas engine operating with different reference fuels[J]. Fuel, 2020,269:117449.

[131] PAYRI R , MORENA J D L , MONSALVE-SERRANO J ,et al. Impact of counter-bore nozzle on the combustion process and exhaust emissions for light-duty diesel engine application[J]. International Journal of Engine Research, 2019,20(1):46-57.

[132] BENAJES J, GARCÍA A, DOMENECH V ,et al. An investigation of partially premixed compression ignition combustion using gasoline and spark assistance[J]. Applied Thermal Engineering, 2013, 52(2):468-477.

[133] KANWAR G R, GOYAL R. A review: Effect on performance and e-mission characteristics of waste cooking oil biodiesel- diesel blends on IC engine [J]. Materials Today: Proceedings, 2022,63:643-646.

[134] MALIK A, SINHA A, BHARDWAJ A, et al. A review of the performance and effluent characteristics of diesel engine fueled with different biodiesel [J]. Materials Today: Proceedings, 2022,64:1328-1332.

[135] ARYA M, KUMAR R A, SAMANTA S. A review on the effect of engine performance and emission characteristics of CI engine using diesel-biodiesel-additives fuel blend[J]. Materials Today: Proceedings, 2022,51:2224-2232.

[136] PRASADA R G, SATHYA V P L. Combined influence of compression ratio and exhaust gas recirculation on the diverse characteristics of the diesel engine fueled with novel palmyra biodiesel blend[J]. Energy Conversion and Management, 2022,14:100185.

[137] YANG L, ZARE A, BODISCO T A. Analysis of cycle-to-cycle variations in a common-rail compression ignition engine fuelled with diesel and biodiesel fuels[J]. Fuel, 2021,290:120010.

[138] DEVARAJ A, NAGAPPAN M, YOGARAJ D, et al. Influence of nano-additives on engine behaviour using diesel-biodiesel blend[J]. Materials Today: Proceedings, 2022,62:2266-2270.

[139] MA Q, ZHANG Q, LIANG J, et al. The performance and emissions

characteristics of diesel/biodiesel/alcohol blends in a diesel engine[J]. Energy Reports, 2021,7:1016-1024.

[140] THANIGAIVELAN V, LOGANATHAN M, VIKNESWARAN M, et al. Effect of hydrogen and ethanol addition in cashew nut shell liquid biodiesel operated direct injection (DI) diesel engine[J]. International Journal of Hydrogen Energy, 2022,47(8):5111-5129.

[141] ZANDIE M, NG H K, GAN S, et al. Multi-input multi-output machine learning predictive model for engine performance and stability, emissions, combustion and ignition characteristics of diesel-biodiesel-gasoline blends[J]. Energy, 2023,262:125425.

[142] AKCAY M, YILMAZ I T, FEYZIOGLU A. The influence of hydrogen addition on the combustion characteristics of a common-rail CI engine fueled with waste cooking oil biodiesel/diesel blends[J]. Fuel Processing Technology, 2021, 223:106999.

[143] ELGARHI I, EL-KASSABY M M, ELDRAINY Y A. Enhancing compression ignition engine performance using biodiesel/diesel blends and HHO gas [J]. International Journal of Hydrogen Energy, 2020,45(46):25409-25425.

[144] ELKELAWY M, ETAIW S E, BASTAWISSI H A E, et al. Diesel/biodiesel /silver thiocyanate nanoparticles/hydrogen peroxide blends as new fuel for enhancement of performance, combustion, and Emission characteristics of a diesel engine[J]. Energy, 2021,216:119284.

[145] KULANTHAIVEL V, JAYARAMAN A, RAJAMANICKAM T, et al. Impact of diesel algae biodiesel- anhydrous ethanol blends on the performance of CI engines[J]. Journal of Cleaner Production, 2021,295:126422.

[146] MEHTA B, SUBHEDAR D, PATEL G, et al. Effect of ethylene glycol monoacetate as an oxygenated fuel additive on emission and performance characteristics of diesel engine fueled with diesel-cottonseed biodiesel[J]. Materials Today: Proceedings, 2022,49:2066-2072.

[147] RAMALINGAM S, DHARMALINGAM B, DEEPAKKUMAR R, et al. Effect of Moringa oleifera biodiesel - diesel - carbon black water emulsion blends in diesel engine characteristics[J]. Energy Reports, 2022,8:9598-9609.

[148] SINGH M, SANDHU S S. Effect of boost pressure on combustion, performance and emission characteristics of a multicylinder CRDI engine fueled with argemone biodiesel/diesel blends[J]. Fuel, 2021,300:121001.

[149] VERGEL-ORTEGA M, VALENCIA-OCHOA G, DUARTE-FORERO J. Experimental study of emissions in single-cylinder diesel engine operating with diesel-biodiesel blends of palm oil-sunflower oil and ethanol[J]. Case Studies in Thermal Engineering, 2021,26:101190.

[150] AUTI S M, RATHOD W S. Effect of hybrid blends of raw tyre pyrolysis oil, karanja biodiesel and diesel fuel on single cylinder four stokes diesel engine[J]. Energy Reports, 2021,7:2214-2220.

[151] MA Q, ZHANG Q, ZHENG Z. An experimental assessment on low temperature combustion using diesel/biodiesel/C2, C5 alcohol blends in a diesel engine[J]. Fuel, 2021,288:119832.

[152] SAID Z, LE D T N, SHARMA P, et al. Optimization of combustion, performance, and emission characteristics of a dual-fuel diesel engine powered with microalgae-based biodiesel/diesel blends and oxyhydrogen[J]. Fuel, 2022, 326:124987.

[153] SHARMA A, SINGH Y, AHMAD A N, et al. Experimental investigation of the behaviour of a DI diesel engine fuelled with biodiesel/diesel blends having effect of raw biogas at different operating responses[J]. Fuel, 2020, 279:118460.

[154] TEOH Y H, YAQOOB H, HOW H G, et al. Comparative assessment of performance, emissions and combustion characteristics of tire pyrolysis oil-diesel and biodiesel-diesel blends in a common-rail direct injection engine[J]. Fuel, 2022,313:123058.

[155] YESILYURT M K. The examination of a compression-ignition engine powered by peanut oil biodiesel and diesel fuel in terms of energetic and exergetic performance parameters[J]. Fuel, 2020,278:118319.

[156] YILDIZ I, AçıKKALP E, CALISKAN H, et al. Environmental pollution cost analyses of biodiesel and diesel fuels for a diesel engine[J]. Journal of Environmental Management, 2019,243:218-26.

［157］GOZMEN B，ULUDAMAR E，ÖZCANLI M. Evaluation of energetic-exergetic and sustainability parameters of biodiesel fuels produced from palm oil and opium poppy oil as alternative fuels in diesel engines［J］. Fuel，2019，258:116116.